智慧媽媽的親子整理術

與孩子一起收拾家居

童潼 著

前言

在我接觸的整理案例中，90% 都是有孩子的家庭。抑或是因為孩子的到來，家裏變得無法掌控；抑或是因為家長意識到環境對孩子的重要性，想要做出改變。無論哪種，提到整潔有序的家，媽媽們對此都萬般無奈。而這些家庭裏，有擁擠的一居室，也有寬敞的別墅，煩惱卻是如出一轍。

自從有了「熊孩子」，家裏到處被塞爆！

「家裏到處都是東西！」這是我在整理指導中，最常聽見客戶抱怨的，也是大部分家庭的真實現狀之一。孩子的降臨，帶來了物品數量的急劇增長。我們希望把一切都給孩子，從吃喝到玩樂生怕有一樣遺漏。加上現在越來越多的家庭選擇再添一員，物品數量就愈來愈多。

讓孩子收拾一下房間，喊破喉嚨都不動！

面對著數不清的玩具，媽媽們都希望有一個能幹懂事的孩子。但事實是整理之戰「硝煙不斷」，「我也希望孩子自己能收拾好，可不管我説甚麼，他就是不聽。」這樣的煩惱幾乎每個媽媽都有。最終媽媽們一邊發著牢騷一邊不知不覺地又替孩子整理好了。如此，家中每天上演著孩子玩，家長跟在後面收的場景。

工作、家務、帶孩子，哪有時間做整理？

問及為甚麼家裏會亂，大部分媽媽的回答都是「忙」。想來也是，媽媽們結束一天的工作直奔菜市場，回到家洗洗切切一陣忙，而一旁是聲聲呼喚的孩子。晚飯結束，刷鍋洗碗，洗衣拖地。還沒有回過神來便又要準備哄孩子睡覺。這時通常也已筋疲力盡，實在沒有精力再去整理。好不容易盼到周末，便又開始帶著孩子奔波於五花八門的補習班。就這樣，女性每天在工作、妻子、母親的角色中任意切換。

前一秒才收拾好，後一秒又恢復原樣。

指望孩子整理的美好願望破滅，媽媽們想著自己勤快一點也就罷了。埋頭撿完了散落一地的積木，擺好了沙發上東倒西歪的玩偶，細心地區分開混雜在一起的手工品。不料轉眼之間，玩具已被全盤倒出。媽媽們已要崩潰，而孩子們對這一切渾然不覺。當然，這樣的情景，恐怕每天還會上演很多遍。為了防止悲劇重現，很多媽媽乾脆選擇了不整理。

你和孩子是否也經歷著同樣的場景，也被這些煩惱所困擾呢？

接觸了愈來愈多的上門指導，看到了形形色色的人、物和空間，才讓我發現，這絕不是個例。我開始試著在網絡搜索「親子整理」，卻並沒有對應詞條解析，也沒有相關內容。很想將我所知道的告訴更多的人，可自己的力量終究有限。慶幸現在有這樣的機會，可以通過此書將我所見所知所想傾訴給大家。哪怕給到您一點啓發，本書便有了存在的意義。雖不善寫作，沒有華麗的辭藻，卻都是我在整理道路上一路走來最真實的感悟。

最後，真心地感謝您購買了這本書。不管您是一位為了孩子的整理已經焦頭爛額的母親，還是一位想為家庭出力的父親。相信您的生活將會因學會了書中的方法而變得輕鬆自在，而孩子的一生也有可能會因此而發生奇妙的改變。

整理收納的困擾並非沒有辦法解決，整理收納本身也並非只是擺弄柴米油鹽。在這本書裏，我會通過理論引導、實際操作及案例分析相結合的方式，系統地講述親子整理。讓大家走出對其認知的誤區，看到真真實實的家庭狀態，找到適合自己的整理方法。

童潼

目錄

第一章 理論篇 搞清現狀，整理有方法 9

第二章 方法篇
帶上孩子，一起動手做整理

37

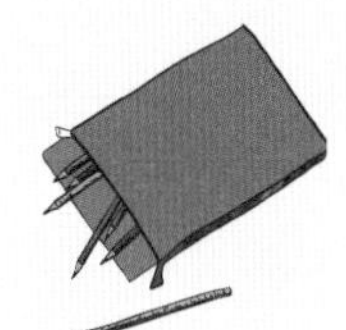

第三章 案例篇
告別整理煩惱，打造輕鬆自在的親子空間

101

第一章
理論篇

搞清現狀，整理有方法

孩子，我們一起整理吧

面對家中雜亂的場景，你一定迫切希望習得一個秘籍解決所有問題，但你有必要先弄清，本書的重點並不在於媽媽們自己如何高水平地完成整理，而是掌握親子整理術，帶領孩子一同解決。是的，你沒有看錯，是讓孩子自己去解決。

甚麼是親子整理呢？

在人類的生存行為中，能夠接觸到的有形體可以總結為人、物品和空間三者。親子整理正是瞭解孩子的需求，結合對孩子成長空間的規劃，構建孩子物品的收納體系，從而達到三者之間平衡的行為。並且整個整理行為以親子感情為紐帶，由家長和孩子共同學習、共同完成，使整理收納不再是媽媽一個人的事情。

既然整理收納的困擾是共性的問題，那我們就先從人、物品、空間三個方面去瞭解一下家庭的現狀。

知道這些，讓整理更順利

整理不僅是家務，更是對生活的態度

整理讓我走進過同一個地區同一個戶型的家。若非親眼所見，我也並不能真實感悟到人對家的關鍵意義。不同的生活習慣讓家呈現了不同的狀態。而習慣來源於行為，行為最終由意識決定，只有人的意識發生改變，才有可能真正改變 。

你正視過你的生活現狀麼？

我們每天如同旋轉的陀螺，從沒有停下腳步歇一歇。家庭的混亂不該和溫馨畫等號，順其自然的背後其實是無能為力。我想如果可以選擇，沒有人會放着整齊的房子不要寧可住在髒亂的房間裏吧。

你認真思考過整理的目的嗎？

整理本身不是目的，為了更好地生活才是。方法只是工具，如果我們對整理收納的認知始終停留在家務層面，那麼我們恐怕永遠都用不好這個工具。這就是我們學了那麼多技巧，看了那麼多影片，卻沒有效果的原因。整理前不妨問問自己到底為了甚麼。

你引導過孩子去做整理嗎？

因為對整理認識上的片面性，所以我們在對待孩子的整理問題上也並沒有引起過重視。「孩子還小，長大就好了」的觀念麻痹着我們，而真正等孩子大了，習慣已經養成，想要再去改變已是無能為力。

親子整理的關鍵點不在於家長代替孩子的整理行為，而是讓孩子參與進來，學習並自己完成整理。生活是自己的，沒有人可以代替，包括父母。我們總是埋怨孩子不會整理，不如想想我們到底有沒有教過他如何去做。

另外，説到人就不得不説很多家庭的一大現狀，三代同堂。因為工作壓力，孩子沒人照看，老人來同住帶孩子的家庭非常多，那麼在整理中因為觀念不同，而產生分歧的事情屢見不鮮。

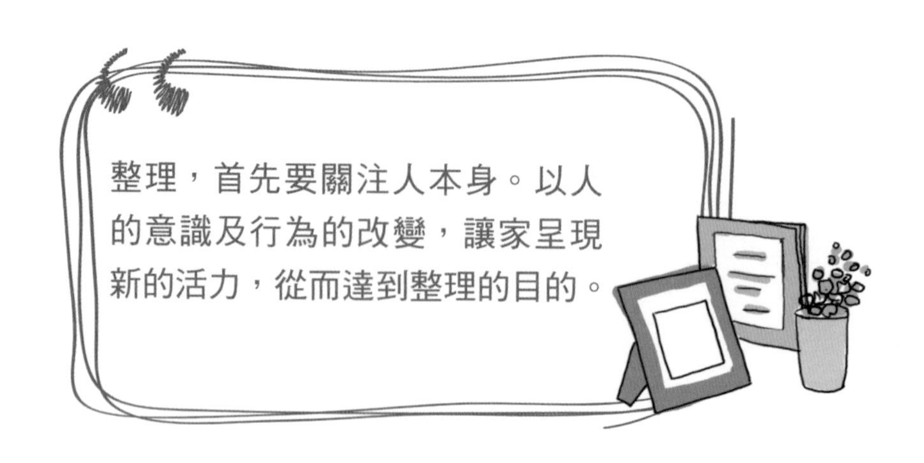

不要讓物品和你搶地盤

整理收納的直接對象就是物品。我們生活在物質泛濫的大時代背景下，一方面物品的獲取變得輕而易舉，一方面人們生活水平日益提高，購買力直線上升。

在孩子成長的過程中，被無數物品所包圍。物品一多，自然沒地方放，此時我們就拼命地在家中增添家具和收納工具，希望能全部塞進去。如此便出現了物品愈來愈多的死循環，本應是給人來居住的房子卻在無形中讓物品和自己搶地盤。

縱觀所有家庭，物品狀態大抵相同：

- 每個孩子的物品動輒多達數千件。
- 物品多數處於混亂、肆意擺放的狀態。
- 因為多而不珍惜；因為多而被遺忘在角落。
- 所有物品中，真正在使用的不足 30%。

孩子之所以做不好整理，一個重要的原因就是物品多。在我的指導案例中，通常孩子一人的衣櫃就要整理 3 小時以上，更有甚者需要 8 小時。可想而知，孩子自己如何能完成。

尊重孩子，就是給他準備專屬的空間

空間的現狀上，很多家庭並非真的東西太多沒法整理，而是處於收納空間足夠東西卻擺不下的狀態。造成這種狀態的原因有收納體與收納物的不匹配，比如衣服少書多，但是衣櫃大，書櫃卻小；還有的是內部格局不合理，利用率較低，物品只好堆放在外面。

空間的分配上，目前住宅情況以兩到四房為主，親子整理中孩子空間分配情況大致可以分為以下幾個階段：

大部分家庭在孩子 0-3 歲時並不會準備獨立房間，一方面家中老人因帶孩子需同住，並不一定有房間可以分配；另一方面，孩子尚小，需要寸步不離地照顧。即使有準備兒童房，此時也多當作儲物間使用，且為儲存大人的物品。孩子基本都與父母或老人同睡，活動區域多為臥室和客廳。這一階段基本與父母共用衣櫃甚至隨處擺放；玩具分散在家中各處，多借助收納箱、筐等完成收納。零星的一些繪本堆放在床、沙發或暫放在大人的書櫃中。此時孩子物品的收納體系還未建立，家中沒有真正意義上為孩子準備的收納區。

3-6 歲（幼兒）

孩子在 3-6 歲會進入幼稚園，這時父母開始有意識地騰出獨立房間，但出於捨不得或孩子還無法獨立，從有意識到具體實施通常還會經歷一段時間。這一時期的孩子依舊多為與父母同睡。隨着孩子的物品逐漸增多，生活需求增多，家中一般會添置收納櫃等。即使沒有獨立的房間，也會在客廳等區域劃分出相對獨立的空間給孩子。

6-10 歲（兒童）

這一時期孩子的物品種類結構發生改變，出現更多的收納需求。為了迎接孩子步入小學，家中陸續添置了書桌、書櫃等，這時兒童房正式成型，而且這一設置基本會陪伴孩子到大學以後。很多家庭開始嘗試分房，當然根據孩子成長的差異性，仍然有不少孩子與父母同睡。

10 歲以後

10 歲是孩子成長時期的一個的轉折點。不管是孩子還是大人，更願意借助 10 歲生日 party 這個儀式感，徹底完成分房。

拿甚麼迎接你，我的孩子

為了迎接孩子的到來，我相信你一定忙得不亦樂乎，盤算着還有甚麼東西沒有準備齊全。然而對於孩子來說，再多的物質都比不上一個好的成長環境。

孟母三遷的故事世代流傳，我們並非不知道環境的重要性，為了給孩子一個好的學習氛圍，不惜付出所有財力，而我們卻往往忽略了孩子每天所在的成長環境。這裏的環境有兩方面，一是家庭的外在環境，另一方面則是父母引導的內在環境。而這也正是空間與人的兩方面。

給孩子準備一個溫馨的家

有研究發現，成長環境影響着孩子大腦的發育，深深影響着孩子早期的心理和性格形成。那麼説起環境，你首先想到了甚麼？是一個大大的房子還是金碧輝煌的裝修？其實孩子真正需要的只是一個整潔、適宜的家。

整潔

一日，孩子犯錯，我讓他去牆邊站着反思，他很疑惑地説可是這裏沒有鋼琴啊。我詢問了半天才搞明白，原來孩子教室裏面有一架鋼琴，而鋼琴的背面角落處就是老師設置的反思角。

對於幼時的孩子來説，所見即所知，他依靠不斷吸收外界的養分形成自己的認知。不難理解，如果孩子生來就在一個整潔有序的家，他對家的理解便也是如此；如果家裏總是雜亂無序，孩子便認為這才是家該有的常態。而這一種認知甚至無意識地影響到他未來的家庭，影響到他的下一代。

適宜

我們發現孩子在幼稚園時，一個個都化身小能手。幫着老師收拾玩具，擺放好桌椅，不亦樂乎，回到家好像就失去了興趣，我們有沒有想過這到底是為甚麼呢？

不難發現，幼稚園的設施配備都以孩子為標準，而縱觀我們家中，有多少真正屬孩子的家具呢？永遠夠不到的書櫃，費勁才能攀爬上去的桌椅。孩子彷彿置身於巨人國裏，這是對孩子心理需求的最大忽視。這種情況下，我們還要求孩子打理好一切，豈不是強人所難？

這時，家長要做的是憑藉智慧盡可能為孩子的使用提供方便，而不是熟視無睹。比如給孩子添置一組尺寸匹配的桌椅，換一個可以輕鬆放置好玩具的收納籃。

親子整理，讓孩子形成自己的思維方式

本着「不能讓孩子輸在起跑線上」的口號，從孩子幾個月大開始，各式早教鋪路，進入幼稚園、小學，五花八門的興趣班鋪天蓋地，少上一門家長都萬分焦慮。我們可曾想過，真正的起跑線到底在哪？

日常培養

古語云「養不教，父之過」。父母是孩子的第一任老師，家庭才是孩子的第一所學校。在這所學校裏我們最需要學習的便是培養良好的生活習慣及自理的能力。不少家長在家裏甚麼都不讓孩子做，卻報名夏令營和冬令營，言之為了培養孩子的獨立性，未免有些捨近求遠了。

主動引導

我們往往把希望和責任都寄托在學校和輔導機構的身上，卻忘記了作為父母應該擔負的引導作用。我們並非教育專家，説不出甚麼權威的教育方法，但至少我們可以引導孩子如何去生活。從整理好自己的物品開始，打理好自己的人生。能整理好自己物品的孩子，反映出的更是他的思維方式和自律性，而這些對於孩子來説才是最重要的。

「三歲看大，七歲看老」。七歲前是人生重要時期，在這一時期形成的習慣、性格甚至影響一生。所以，請從現在起開始引導孩子吧。

親子整理，從現在開始

我的親子整理客戶大致分為兩類，一類是為了解決客觀的物品問題，另一類則是希望能通過整理培養孩子的自理能力，而這一類多數為 10 歲左右學齡段孩子的家庭。

然而，孩子整理意識的培養在一歲半即可開始，三歲左右才是黃金時期。也就是說，大眾所認知的孩子整理意識的培養期足足晚了七年。很多家長認為孩子還小，做不到，不需要，卻往往錯過了最佳培養期。整理意識的培養最終目的是培養孩子良好的生活習慣及優秀的品格。

各成長階段都與整理收納有關聯

其實每一個孩子生來就有秩序感，有秩序的環境會讓孩子感到舒適。所以我們不難發現即使是剛會走路的孩子，他們也會去扶起倒下的垃圾桶，這便是試圖恢復其應有秩序的潛意識。這樣的行為絕不是偶然，但這些往往被家長忽視，最後採取制止、代勞等手段斷絕孩子的整理行為。其實孩子的成長和整理收納息息相關。

雖知道其中道理，但我終究不是教育專家，如何能讓人信服？好在，我在蒙特梭利的早期教育法裏面找到了對其的解釋。

2-3 歲建立時間和空間感的關鍵期

2.5-3.5 歲培養孩子規則意識的關鍵期

3 歲培養孩子動手能力以及獨立生活能力的關鍵期

而以上這些都可以通過整理意識的培養來實現。房間裏的家具如何擺放，物品如何收納，便是與空間的關聯；使用完的物品放回原位，這便是規則意識的體現。如果父母在這一時期有意識地灌輸規則意識，那麼很大程度决定了他一生對規則的認識。

整理絕不局限於整理好玩具、書籍。從簡單的事做起，畫完畫，引導孩子將筆帽套好，這就是整理；刷完牙，讓孩子自己將牙膏和牙刷放入漱口杯，這也是整理；哪怕是吃過點心，將包裝扔進垃圾箱，這也是整理。它來源於生活中的每一件小事。

適當放手，把生活交還給孩子

孩子很小的時候，看我們做家務，他們總是很好奇地想來幫忙；我們拎着大包的東西，他們漲紅了小臉也逞強要拿。但通常情況下，我們會嫌孩子搗亂或是動作太慢而制止。

培養孩子自強自立的道理無人不知，但是我們的行為似乎不受大腦控制，總是無意識地替孩子完成所有。你真的考慮過孩子的真實想法嗎？還是自己就幫孩子做主了。

「孩子還小，做不了。」、「只要好好學習，其餘甚麼都別管。」過度的關愛讓孩子甚至喪失了基本的生存能力，衣來伸手飯來張口的畫面在普遍家庭時有發生。

就這樣，我們事事包辦，親力親為。當孩子們成年才發現除了學習甚麼都不會，大學還要父母陪同去鋪床的不在少數，也因此造就了母愛泛濫的產物——「巨嬰」。

細細想來，孩子真如家長以為的甚麼都做不好嗎？答案是否定的！

孩子遠比你想像中能幹

在我的育兒理念裏有一條首要原則就是做一個「懶」媽媽。我的「懶」使得孩子非常能幹。

父母不應該剝奪孩子最本能的生活能力，要把生活交還給孩子。在這個過程中磨煉自己，體諒他人之不易；讓孩子從獨立飲食起居到整理自己的物品，打理自己的生活，形成獨立自强的品格，這恐怕才是生存的第一要素。

我們能做的，是為孩子的獨立盡可能提供方便。夠不到的水池前準備一個凳子；餐桌上時刻準備好一壺溫水，足矣。

茶杯放在孩子觸手可及的位置，飲水機的使用只教過兩次，孩子需要喝水便自己倒，不需要再喊媽媽。

你教過孩子如何整理嗎？

很多媽媽都向我哭訴，何嘗不希望孩子能自己整理好房間，可他就是不聽。我們可能除了抱怨也並沒有問過孩子原因吧。在與不少孩子的溝通中發現，他們是因為不會，所以才不做。

我們不妨回想一下，當你希望孩子收拾房間時，你是怎樣做的呢？

最常聽見的就是：「快把玩具收起來！」、「把房間趕緊整理一下啊！」不要説對孩子，恐怕我們自己都解釋不清到底甚麼是收拾，怎樣做才叫整理吧。孩子無動於衷也是情理之中的事情了。

想要孩子能夠聽從，必須明確地告訴孩子該如何做，並且注意表達方式要隨着孩子的成長而有所變化。

對於一歲多剛剛能聽懂話的嬰兒來説，要明確地告訴孩子將物品放置於何處，到底是沙發上還是櫃子裏。兩歲的孩子通常開始學着辨認顏色，這時可以讓孩子試着將某樣物品放在藍色的盒子裏。而三歲的孩子逐漸有了空間感，這時指令可以變為將物品收在左邊第幾個筐裏。必要時，家長應該示範，在這個過程中，一方面可以練習孩子的認知力，另一方面明確地告訴孩子如何去做，孩子才能明白家長口中整理的含義。

溝通方式很重要

我們通常在與孩子的溝通中，習慣用命令式口吻去表達，甚至帶有威脅的意味，比如：「趕緊把玩具收拾好，不然我就全扔了。」這樣的表達是有弊端的，而應該蹲下身詢問：「你和媽媽一起來收拾玩具好不好？」我們來細看兩者的區別。

1. 命令即代表言出必行，並非不能有命令，而是一旦下達，便必須做到。

難道孩子不收我們真的會全扔掉嗎？既然做不到，這樣的威脅反而讓孩子知道命令是可以不服從的，以後便更難管教。我們不妨大膽試想如果說到做到，扔個幾次孩子自不敢再不收拾了。當然不是提倡家長們真的如此去做，所以在與孩子的溝通中，還是少下達命令為好，而明知做不到的事還是不要說的好。

這個原則同樣適用於立規矩。很多父母都苦惱，在出門前說好不買玩具，結果上街看到了，不買便哭鬧不止，絕不罷休。這便是因為規矩從第一次設立開始便被自己的妥協打破了。孩子很聰明，有了一次，以後便再也不會聽了。所以既然想要立規矩，那便好好堅守。

2. 引導式的表達，是在尊重和理解的基礎上，與孩子進行溝通。

採用引導式語氣，一方面不必打破自己的權威性，另一方面蹲下身與孩子平視，以朋友的身份去溝通，我想孩子會更願意配合吧。即使是不願意整理，孩子也有權利表達自己的意願，不妨聽一聽孩子的想法和理由。

另外，家長參與其中也是不錯的選擇。比起站在遠處兩手叉腰，不如利用有趣的方式帶領孩子一起邊玩邊整理，這也是增進親子感情的好途徑。並且，在整理過程中，多一些讚揚和鼓勵，讓孩子知道自己可以做好，便不會再覺得整理是一件困難而又枯燥的事情了。

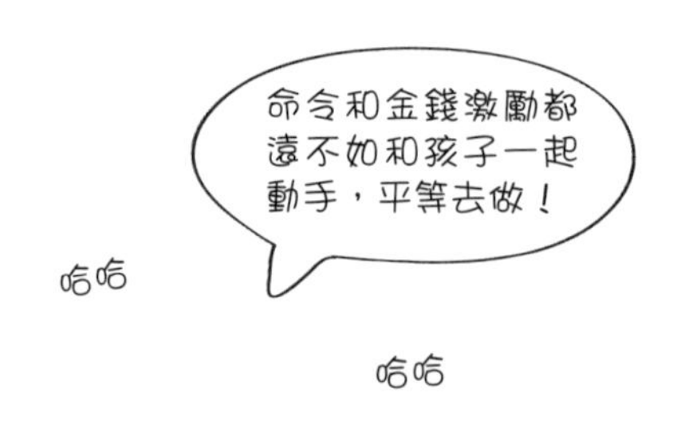

「熊孩子」背後有對「熊爸媽」

每當媽媽們向我抱怨孩子生活習慣不好，東西到處亂放的時候，我常反問：「你自己做得如何？」雖言語直接，但一語中的。

當我走進客戶家中，一覽客廳的狀況，兒童房的情況便也能猜個一二。如果整個家庭環境整潔有序，那麼孩子的房間也一定不會太差；如果雜物隨意堆砌，那麼孩子的房間也一定是慘不忍睹。

孩子是家長的影子，家長的一言一行，完全影響着孩子的行為與成長，而這種影響並不容易被察覺，等到發現時可能已成定局。以身作則的道理沒有家長不懂，但真正實施起來便沒有那麼容易了。

作為一個成人，襪子脫下來隨處亂放，文件資料堆滿書桌，如何去要求你的孩子收好玩過的玩具，整理亂七八糟的書桌呢？在我們指責孩子不會收拾的同時，不如先審視下自己。

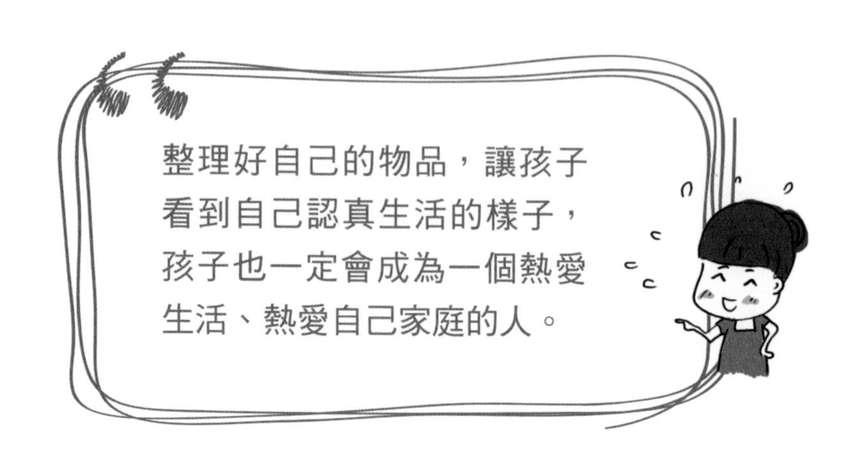

我很慶幸，在孩子兩歲的時候，我接觸了整理並踏上了學習之路，給孩子樹立了好的榜樣。

現在的他已經不僅是收納好自己的物品，家裏的整理工作他也會去分擔。每周一次的超市採購回到家，我將東西暫放在地上，便去忙着換衣服，再等我出來時發現孩子正在一件件地把物品歸位。零食點心放在餐邊櫃的抽屜裏，水果放在餐邊櫃上的籃子裏。第一次見到時我很是驚喜，因為這一切並不是源於我的要求，也並非我强行教學。細細想來，我每次回來便是這樣去做，他耳濡目染罷了，可見家長的影響有多深。當然這一切的前提是物品有固定位置，不然媽媽們自己都説不清該放在哪，更別説孩子了。

家裏的歸位他還不過癮，每次去超市，他一定要「多管閒事」地將散落在超市的購物車推回原位，我拎着滿手的東西着急回家，雖有些哭笑不得，但也絕不會阻止。聽到超市的阿姨表揚他，他便一次比一次更起勁了。

我正在做衣櫃換季整理，他堅持要來幫忙。從打掃衣櫃到摺疊衣服，不亦樂乎。

選購食材回到家第一件事，便是將物品歸位放好。

好習慣也可以「說」出來

我們都說孩子不願意整理，不配合整理。我們只要求孩子做，卻從來沒有告訴過他為何要做、如何去做。人是具有目標性的，只有目標及回報明確時才可能為之努力。

我們要學會去「說」，給孩子清晰、正確的整理方法，通過實際的整理告訴孩子：

1. 好好使用玩具，玩過送它們回家，玩具才能長久地和他做好朋友
2. 把書按類別擺放整齊，下次使用時便可以迅速找到需要的那一本
3. 將雜物從書桌清走，才能更加專注地學習……

整理教會我們如何更好地生活，它是一個人應該具備的最基本的能力。

當然，我們還要明確地告訴孩子，甚麼是不對的。整理收納的習慣培養同其他行為習慣是一樣的，如果孩子在隨地丟棄垃圾的時候我們沒有告訴他這是不對的，他便會一直這樣丟棄，整理也是如此。當孩子出現隨手亂放，用完不歸位的情景時，第一時間便要指正，才能引導孩子養成正確的行為習慣。

注重界限，空間反而讓你跟孩子更親密

「地盤」劃分，給孩子一個獨立成長的空間

很多父母糾結於要不要為孩子準備獨立房間，答案是肯定的。即使迫於現實狀況，有些家庭並不具備設置獨立房間的條件，也至少要給孩子一塊獨立的區域。**獨立空間有利於培養孩子獨立的個性。**

我們知道動物是具有領地意識的。在一塊區域長期生活，認為此處就是它的領地，不允許其他生物來侵犯，一副「我的地盤我做主」的姿態，人亦如此。在一個自己能夠完全掌控的空間裏，我們會感到安全舒適，孩子會更願意為之去努力。

還有一種現象很普遍，孩子的區域是有的，但是被父母大量的物品所侵佔。東西多、空間小是大部分家庭面臨的現狀。在裝修時為了保證收納空間的充裕，能打上櫃子的地方一處都不放過。正式入住後，物品也基本是無序擺放，從未想過所需要收納的物品與空間及人之間的關係。家中的雜物因為放不下而侵佔孩子空間的案例比比皆是。孩子不願意整理也正因為如此。

保持個人的獨立空間，彼此相對自由，親密無間而又互不干擾，在心理學上，我們稱之為界限感。越親近的人越需要界限感，而這種界限感不光指空間上的，也包括不被侵犯的自主權。父母想要控制孩子的一切，正是缺乏界限感的表現。而我們常把這跟「人情味」扯上關係。

而對孩子自己來說，也需要培養界限感的意識。自己的物品數量是否超過收納體的承載量？自己的物品有沒有佔用別人的空間？這些都是界限感。

因為「沒地方」而堆放在孩子床上鋪的反季節家用電器，落滿灰塵，遮擋光線，而孩子除了睡覺還經常在下鋪的床上看書。

before

此案例中，另一房間淪落為雜物間，而孩子並沒有真正屬於自己的空間，只能在客廳玩耍、學習。孩子已經6歲，忽略了孩子對空間的需求。

after

經規劃整理，將另一房間（原雜物間）設置為孩子的獨立空間。讓孩子學着維護好自己的地盤，體會媽媽的辛勞。

空間設計，適應孩子的成長需求

友人新家裝修請我幫忙做空間規劃。我們相談甚歡，友人唯獨對兒童房方案，面露難色。

基本狀況

一個兩房一廳的三口之家，孩子處於幼稚園中班階段。

推薦方案

結合房屋實際情況（此方案無共通性），推薦兒童房使用下部懸空式高床，下層空間則可以配備衣櫃等收納體用於存放物品；抑或是擺放孩子的玩具，打造一個娛樂的空間。

可是方案被拒絕了。理由是：「孩子長大了怎麼辦？」

很多家庭在買房裝修時還沒有孩子，設計次臥時即使想到未來會用作兒童房也只是照搬常規格局；還有很多家長如同我的友人一般，即使知道是孩子使用，設計上也多會選擇一次性到位。但我們忽略了孩子是在成長的，基礎設施也應該隨之調整。難道因為孩子早晚會長大，現在就要給他穿大人的衣服嗎？在兒童房的設計上也是如此。

在進行空間規劃時，我們要充分考慮到孩子成長過程中的需求，儘量不要選擇一次到位或常規格局的設計。

孩子的成長需求主要有兩點：

其一，空間需求。孩子的成長中需要進行學習、娛樂、閱讀、休息等一系列行為，那麼就需要為之準備對應的空間及相關設施配備。

其二，使用需求。設施配備是否與孩子的使用能力相匹配。

友人拒絕了我的方案後，採用了「中國式」房間的標配，選一面牆做一個頂天立定的大衣櫃，床在正中間，一邊一個床頭櫃。本就不大的房間只剩下兩條小過道，孩子的使用需求被忽略了。

而基礎設施的配備如衣櫃格局，懸掛區高達兩米，名之為孩子的衣櫃，孩子卻根本沒有辦法使用。家長只看中可以收納更多的物品，但這個收納需求還是家長自己的，最終家長的物品便會不自覺地進入。這又回到了我們之前說的空間侵佔的問題。

針對這種狀況，我們建議：

1. 在實際使用中，兒童房的床盡可能靠一邊牆放，空間不要分割。

2. 我們不可能像換衣服一樣更換家具，所以在兒童房的設計上，應儘量採用靈活可變動的設計，減少固定性的配備。隨着孩子的成長而調整，以適應變化的需求。

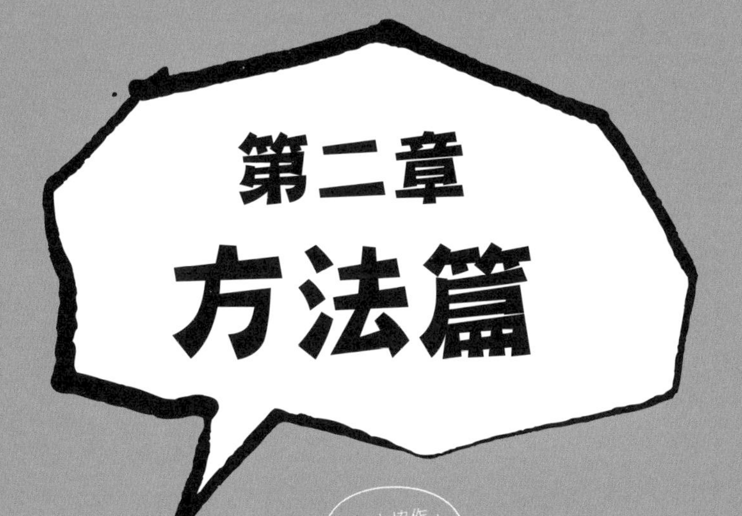

第二章
方法篇

「通力協作」
生活好輕鬆！

帶上孩子，一起動手做整理

如何開始整理

複亂幾乎是所有人的煩惱，「整理好沒幾天又恢復原狀」的苦水吐也吐不完。其根本原因在於你的整理行為就有可能根本無效。

我們認知中的引導孩子做整理，就是讓他把用過的物品放回原位，恢復原狀，但現實是，沒有原位，原狀也不盡如人意。大部分家庭即使把物品擺放得很整齊，但物與物、物與空間還是處於混亂的狀態。所以，我們必須先做一次徹底地整理，重新規劃物品及空間的秩序感，達到美好的狀態，在此基礎上的歸位才是行之有效的。而這個整理過程，才是我們親子整理的重心，需要家長引導孩子一同完成。

做好整理，分類很重要

整理要按照物品類別先進行分類，**具體以孩子與物品之間的密切度來決定**。比如 0-6 歲的孩子，可以從娛樂類開始，6 歲以上孩子則可以把娛樂類放後。

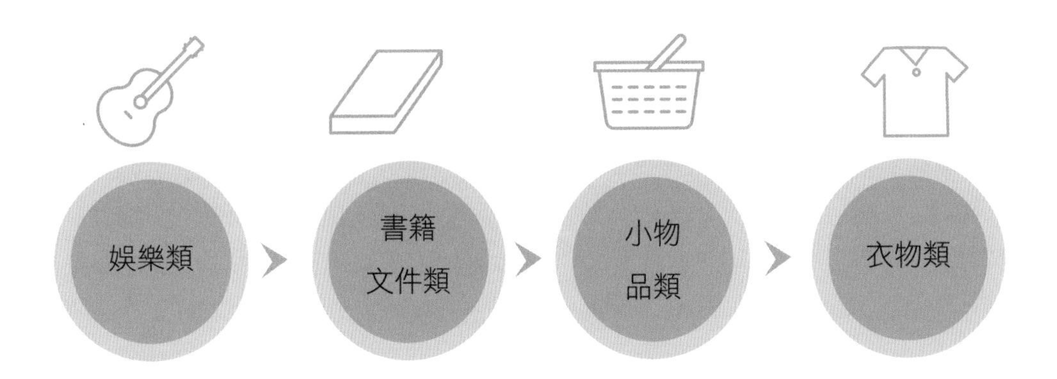

輕鬆整理六步法

整理要有計劃、有步驟、有順序，條理清晰地進行，簡單歸納為如下六步：

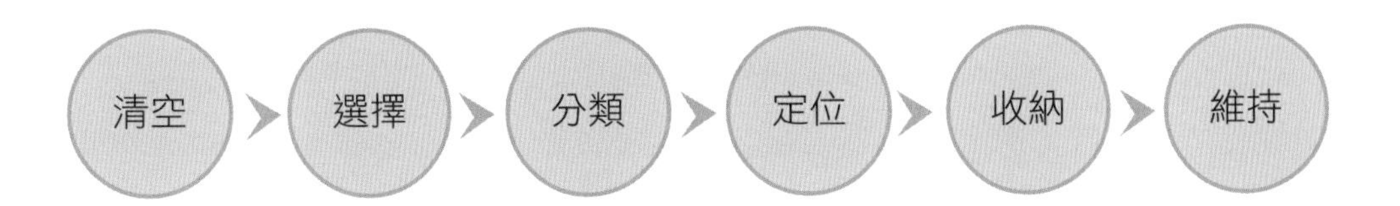

第一步：清空

是甚麼

我們對整理收納的理解是如何把物品收起來，所以常見場景是把散落在地上、桌上等暴露在外部的物品通通塞進抽屜、櫃子，然後「關門大吉」。但實質上只是把混亂的物品移到他處，這樣的整理是無效的。我們說要重新建立物品的秩序，如同重新列隊組團，所以必須將某一類物品全部從收納體中清出來，集中在一起，以便我們去重新審視。

為甚麼

通常在整理之前，物品為四處散落的狀態，集中之後，我們能夠更清晰地看到所擁有物品的數量、形態。長期不觸碰的物品得以重見天日，找不到的物品也能趁這個機會全盤清出。通常在這一步時最常聽到媽媽們對孩子無奈地說：「原來在這兒，上次因為找不到買了新的。」當然也常聽到孩子們驚嘆：「我居然有這麼多東西啊！」

同時，清空能夠讓我們看清收納體全域，有利於空間的重新規劃，更方便我們決定何處放置何物，還可以借機清掃下衛生。

怎麼做

我們前面説過要按照物品種類進行整理，所以在清空時可以按照物品的類別來做。借由這次徹底的整理，應該將所有物品全部清出來。雖然我們强調，同類物品必須全部清空集中，但對實際操作有一定要求，比如我們要有充裕的時間完成整理；要有足夠大的地方擺放所有物品；自己的身體能承受巨大的工作量等。所以，我們需要結合物品數量及實際能力，決定一次清出多少。

清空後的衣櫃底部，衣物堆積並沒有機會可以打掃。

第二步：選擇

是甚麼

選擇就是在繁雜的物品當中，選出對自己來説最重要的。這似乎成了一種能力，並且不是所有人都具備。當我跟媽媽們提及引導孩子做選擇時，得到的答案驚人的相似：「我們家孩子甚麼都説要。」其關鍵還是在於家長沒有正確地引導。選擇其實是在幫助孩子建立自己的取捨標準，形成自己的價值觀。

為甚麼

選擇是為了讓自己把精力放到最重要的事物上去。另外，在選擇中讓孩子發現自己，我們也能更加瞭解孩子的想法和喜好。通過選擇的訓練，不僅鍛煉了孩子的決斷力，也教會他學會告別，畢竟成長道路上總會遇到一些離別，這對孩子今後需要面臨抉擇時，無疑是最好的鍛煉。

減少物品就是減少精力的分散。當我只有一支筆的時候，我拿來就寫；而當我有十隻筆的時候，我恐怕要好好想想到底用哪一支才好。只留下孩子感興趣的物品，孩子才會更加專注。

怎麼做

我們常發現，父母總是在幫孩子做選擇。孩子很喜愛的物品，家長偷偷丟掉的例子不在少數。另外，在指導中發現，孩子做了決定後，家長一般都持有不同意見，甚至怪孩子：「這個才穿了兩次還是新的你就不要了？」、「這個買來很貴的，還好好的呢。」孩子感覺受到了指責，便不敢再吭聲，再面臨選擇時不敢做主而求助於父母。

我們倡導，孩子做物品的選擇時，家長要充分尊重孩子的意願。尤其是針對 6 歲以上的孩子，由家長引導，而孩子才具有最終決定權。且在孩子做出決定後，家長可以詢問原因並探討但不可以質疑。而對於 6 歲以下的孩子，從他能聽懂話開始便可以試着與他進行反復的溝通練習，而很多媽媽在一次詢問後，孩子只要說甚麼都要便不會再引導。

隨着孩子的成長，上次決定留下的物品現在可能要丟棄了，這是成長最好的證明。當然也有很多孩子出現過誤丟的情況，明明自己說不需要沒過幾天又想買回來。面對這樣的情況，家長應該正確引導。如果孩子確實喜歡，再買回也無妨，這就是他認識自己的過程，家長不必過多指責。

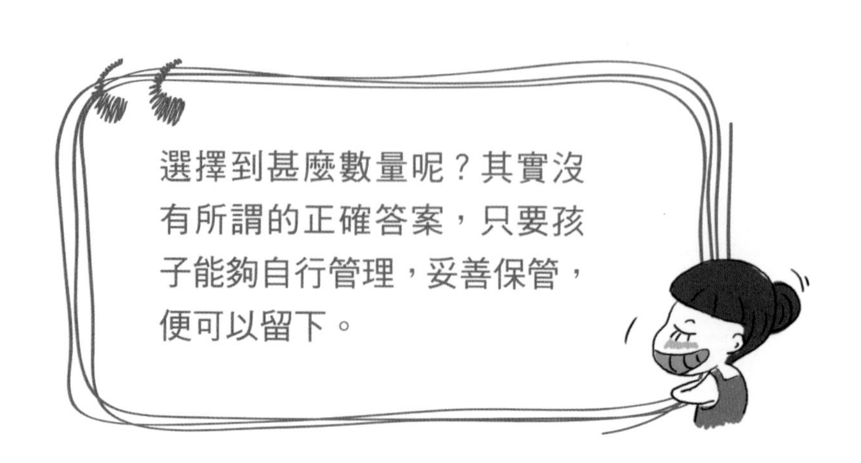

對於篩選出來準備捨棄的物品，要根據精力決定如何處理。如果精力充足，可以選擇賣二手等方式；如果精力有限，可以將物品打包好直接放置在樓下，一定會被有需要的人拿走，不必再擔心其去處。

第三步：分類

是甚麼

分類就是把選擇留下的物品按照其種類、性質等分門別類。我們不難發現，幼兒教育最初接觸的便是分類。看看習題冊裏的練習，從找到相同的一個或不同的一個開始，再往後便是找出同類。我們好像無時無刻不接觸着分類，男人、女人、老人、幼兒，但真正面對自己的物品時，好像思路並沒有那麼清晰。

請你把下列物品分成三類，並放到儲物櫃上。

為甚麼

分類幫助我們更好地認識世界。想要做好分類，就必須找到物品的內在秩序，它需要孩子的辨別能力，通過對大小、顏色、形狀、材質、功能等方面的辨別做出區分。同時，分類也是對孩子邏輯能力最好的訓練。

分類的意義在於幫助我們更好地管理物品。分類就像是公司的各部門，按照部門管理物品似乎變得輕鬆許多。

怎麼做

隨着孩子的成長，分類應由易到難，由粗到細。分類方式可多聽聽孩子的意見。同樣的物品有多種分類方式，不如當作一個訓練去發揮孩子的想像力，同時家長也說出自己的意見，無疑也是促進親子關係的一個很好的途徑。

第四步：定位

是甚麼

我們在做整理時可能從來沒有想過定位的問題，你也可能第一次聽説這個概念。家中甚麼區域放置甚麼物品從未認真思考過，不整理還好，一整理反而找不到的情況屢見不鮮，這都是因為沒有做好物品的定位。給選擇留下的每一類甚至是每一件物品找到最合適的地方，且位置一旦決定，不要隨意更改，這就是定位。

為甚麼

回想我們的日常生活，經常遇到一些現象：快遞來了，堆在門口愈來愈多；大街上拿回來的扇子不知該放哪，索性隨手一擺；前幾天孩子帶回來的通知單卻怎麼都找不到。因為沒有做好物品的定位，隨之帶來的就是家裏愈來愈亂，東西越堆越多。如果我們為每一樣物品找到合適的地方，便不會出現找不到的情況，不會再為了放在哪而絞盡腦汁，家裏也會井井有條，同時也為我們後續的歸位建立了基礎。

怎麼做

甚麼物品到底該放在何處，也在鍛煉着孩子宏觀控制的能力。以孩子的理解去完成的定位，我想再也不會出現「媽媽，我的鋼筆在哪裏？」這樣的情況了吧，這裏有幾大定位原則家長們可以參考：

① 同類集中

同類集中是最高效的物品管理方式，一類物品儘量只放在家中一個地方。這樣一來，即使孩子沒能記住某支鋼筆的準確位置，想着去學習用品那一類的區域去找一定不會錯。同理，使用完畢後，也能輕鬆知道該放回何處。

② 就近原則

懶是人類的天性。為了喝水，繞過玄關，跑去陽台拿水杯再回到廚房倒水的事情我想誰都不願意做吧。同理，如果孩子在房間做功課，卻要跑去客廳拿文具真是不太合理吧。所以物品的收納位置要遵循就近的原則，放置在使用地附近也減輕了歸位的成本。

③ 合適高度

我們説要給孩子一個適宜的成長環境，位置太高很難自己拿取和歸位，所以物品的定位也一定請以孩子的身高為基準。盡可能定在伸手可及的地方，有利於孩子進行獨立的整理收納行為。在他自由拿取物品的時候，我們能夠看到他的內心需求和喜好。

第五步：收納

是甚麼

傳統認知裏我們所說的收納其實就只是這一步—— 擺放行為。定位解決了物品擺放何處的問題，那麼收納就是解決如何擺放的問題了。擺放不是單純的體力勞動，如何擺放也決定了最終的整理效果及其持久性。

怎麼做

不同的物品到底該如何擺放，不僅體現了家庭成員的歸納能力，同時還能鍛煉孩子靈活應對的能力。對於物品的收納，具體有以下幾個方面可以參考：

① 方便取用

我看過很多家庭喜歡使用收納箱，把玩具或者書籍裝箱後一箱箱疊起來，既能裝又省地，我們卻沒有考慮過孩子的拿取成本。特別是想要拿到下面一箱的物品，必須先搬開上面的，對於孩子來說，難度過大，更不要說使用完能夠放回去了。所以，在親子整理的收納中，物品的擺放方式儘量滿足一個動作即能拿取的原則。

② 二八原則

此原則適用於兩方面，一是指物品的擺放不超過收納體的8分滿。我們常見的想法是塞得嚴嚴實實，不浪費一絲空間才好。 但沒有想過，如果收納體擺放過滿，有新的物品進入時沒法擺放，又將造成堆疊，或者擠壓嚴重也不便於拿取。二是指收納物8分藏，2分露。令人賞心悅目的物品可以展示，零碎雜亂的物品需要隱藏；最常使用的物品擺放在外面，剩餘的隱藏起來。

依據二八原則進行擺放，方便取用的同時，
還為新物品的進入留有空間。

③ 統一容器

物品的擺放某些時候需要借助收納工具才能完成。在收納工具的選擇上就需要注意了。物品本身已經非常繁雜，收納體實在沒有必要亂上加亂。塑膠袋是很多家庭的「收納神器」，色彩艷麗，擺放物品後沒有支撐，是造成家裏凌亂的一個重要原因。我們儘量選擇統一顏色、統一款式的收納容器去擺放物品。而顏色的選擇上儘量避免艷麗、有花色圖案的，要多使用素淨的顏色。如果十分喜歡彩色，則建議使用色彩飽和度較低的馬卡龍色。

統一收納盒放置物品，視覺上更整潔有序。

第六步：維持

是甚麼

此時媽媽和孩子們的整理收納工作已經全部完成，從現在起，要做的便是好好保持整理成果。首先便是我們熟知的歸位了，這裏還要再一次强調，歸位的前提是物品必須完成系統化地整理並且有固定的位置，這時的歸位才是有效的。另外，維持也並不單純指歸位行為。

怎麼做

物品的維持是考驗家長和孩子收納整理工作的成果，要真正做到有效地維持，需要注意以下幾點：

① 歸位

經常有人問我，整理師的家裏是不是時刻保持着樣板間般的整潔？答案是否定的。只要使用，必然會亂，但因為收納體系的建立，我們知道散落的物品應該放在何處，所以只要花 10 分鐘讓物品各歸各位，家裏便可以煥然一新了。通過定位法，我們已經為每一件物品找到了準確的位置，那麼在使用完畢後，我們需要引導孩子找到物品的相應位置，如果孩子年齡尚小，注意使用有趣的表達方式，比起無力的「收拾好」更有效果，讓孩子做警察保護玩具回家，我想孩子更願意配合吧。家長可以一起參與，用比賽等形式，鼓勵孩子一起完成。

② 貼標籤

利用標籤管理法不失為一個省去腦力勞動的辦法。不必看着每個櫃子做着「猜來猜去」的遊戲，也不必記住每一個物品的擺放位置，當然歸位也變得輕鬆。

標籤的作用更是一個告知，即使媽媽不在家，孩子也能輕鬆找到需要的物品，無疑也是減輕了媽媽記憶庫般的負荷。標籤的設置要根據孩子年齡，針對幼齡段孩子可以使用圖形標識或者直接打印照片的方式。如果孩子可以畫畫或者寫字，讓孩子自己動手製作標籤，這種方式會讓孩子更願意參與。

③ 控制入口

整理工作全部完成，我相信你對於家中的物品已經有了全新的認識，自然也會發現以往消費行為的問題所在。對於年齡尚小的孩子來説，要讓他學會滿足延遲；而對於學齡段的孩子來説，要避免重複購買，分清需求及慾望。

④ 升級優化

整理結束後，在每天的使用中，我們或許會發現更加適合的收納方式，這時可以進行調整，這就是優化。

另外，可以優化家中的收納工具，增添帶來幸福感的小物。比如統一衣架，將暫時用來收納的紙盒換成統一的收納盒。根據自己的經濟能力及個人需求，或是替換掉一個不太好用的塑膠架。整理應該是不斷優化的過程。

⑤ 家庭公約

國有國法家有家規，但是在當代社會，家規的意識已經被弱化。適當地制定家規，有利於家庭的和諧發展，也可以培養孩子的規則意識，有所為而有所不為。比如在公共區域的私人物品，請及時帶離；每周日下午定為家庭打掃日；自己的物品自己管理等。我想家人一同遵守公約的感覺一定特別棒吧。

既然是公約，還需注意所有家庭成員都要認同才可以。

手把手教你做整理

前面我們講述了物品的整理流程，所有的物品都可以按照上述的通用流程去整理。當然，針對每一類物品還有個別需要注意的事項，下面我們挑選了孩子最常見的物品種類，來具體説明到底如何整理。

玩具有了窩，再也不用和玩具「捉迷藏」

玩具是孩子認識世界的工具，也是孩子成長中不可或缺的物品。家有幼齡段孩子的家庭最頭疼的便是玩具整理。

這裏總結幾個玩具整理的現狀：

●玩具數量龐大，種類繁多，且源源不斷地進入。

●玩具自帶包裝或盒子，家中聚集了五顏六色、形狀不一的玩具盒，堆積在一起十分雜亂。

●為了方便而採用大的收納箱集中收納，多箱疊加。孩子要麼永遠不碰，要麼就是為了找一件玩具而整箱倒出。

●使用過的玩具散落家中四處，歸位成難題。

根據以上存在的問題以及我們前面所説過的整理流程，我們具體看看玩具到底應該如何整理。

第一步：清空

玩具通常是分散在家中多處的，所以孩子可能並沒有意識到自己的玩具有多少，一旦全部集中，才發現數量還是相當可觀的。這一步可以讓孩子一起動手。清空原則上是針對所有玩具，當然如果玩具數量特別龐大，可以分批進行。根據自己的時間、體能、孩子的配合程度等因素決定一次清出多少。不過建議整理工作還是一次性儘快完成比較好，時間拖得越久，精力的消耗也將越大。

4 歲孩子一人的玩具

第二步：選擇

玩具的選擇可能會是一個漫長的過程，一方面需要孩子一件一件確認，另一方面，他很可能在選擇過程中分心。我們要控制好進度，以免最後因為時間來不及而匆忙結束。

針對不同年齡段，方法略有不同，家有 0-3 歲的孩子，媽媽可以根據自己的觀察判斷幫孩子做決定；3 歲以上的則要同孩子商量，尤其是 6 歲以上的孩子，需要他自行決定去留。

丟棄還是留下，由孩子決定。對於玩具的選擇，孩子最有發言權，這不僅因為他們與玩具的相處時間最長，更重要的是，通過決定玩具的去留，也更好地鍛煉了孩子的選擇和決定能力，這是成長中關鍵的一步。

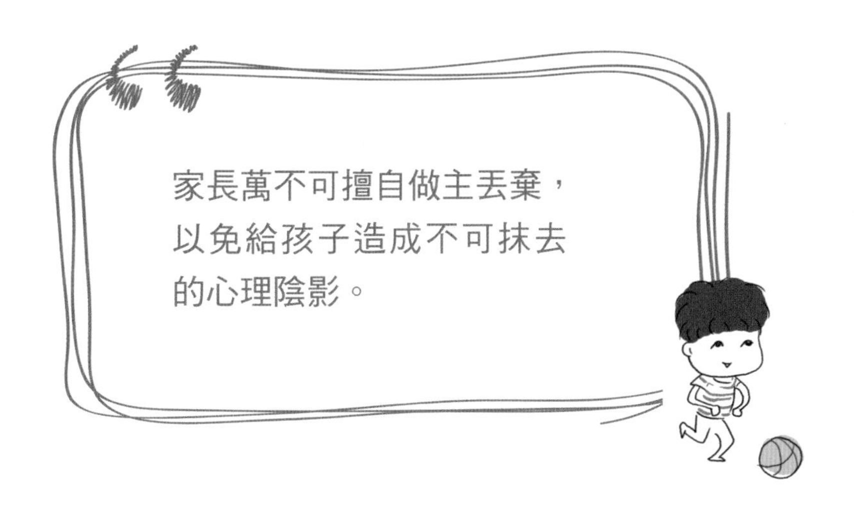

家長萬不可擅自做主丟棄，以免給孩子造成不可抹去的心理陰影。

在選擇中，我們要儘量避免類似「你還要不要」這種問法，如此問，孩子的回答肯定都是要。我們可以**給出明確且客觀的引導，讓孩子自行判斷，**比如「你看這個飛機的機翼斷掉了。」、「這個汽車已經不能開動了。」比起簡單粗暴的「要不要」，孩子可能更容易做出選擇。當然決斷力是一個不斷提升的過程，孩子在起初做不出選擇也很正常，家長不能就此放棄，如此的選擇訓練可以反復進行。你便會發現，孩子的世界其實很簡單，沒有太多的糾結和情感捆綁，反倒是家長因為捨不得或覺得可惜而造成了阻礙。

對於玩具的選擇可以按照由易到難的階段進行

第一階段：篩選出已經破損或不適合年齡段的玩具

↓

第二階段：篩選出品質低，不常玩的玩具

↓

第三階段：篩選出不喜歡的玩具

做選擇的時候我們可以借助幾個不同的袋子以做區分

- 丟棄：破損，劣質，危險性。
- 轉送：低於年齡段，孩子不常玩。
- 暫存：高於年齡段，同類別過多。

有些家長提出，孩子現在説不喜歡不要的，很可能過段時間又吵着要了。針對這種現象，一方面，我們要反思篩選時是孩子的主觀意願還是因為受到家長的干擾。另一方面，如果真的會有這個情況，可以給這些判斷不准的玩具設立一個等待箱，放置在別處。一或兩個月的時間之後，孩子都沒有再提起，那便可以選擇處理。

從左到右依次為喜愛、轉送、丟棄。

如沒有明確的轉送對象，將玩具打包好放置在樓下即可。

第三步：分類

現在給留下的玩具進行分類。分類方式多種多樣，如毛絨玩具及益智類等，當然也可以按照玩具的材質分類：金屬類、木質類、塑膠類。具體的分類方式可以多聽聽孩子的理解。

在玩具的分類中要注意的是，

1. 如果孩子年齡還小，分類要避免太過細緻。過於細緻不僅增添了不必要的整理負擔，也增加了後續歸位的難度。隨着年齡增長，可以根據孩子能力及喜好進行細緻分類。

2. 分類的程度可以根據玩具實際數量以及收納體決定。以交通類玩具為例，如果數量並不多，我們做到二級分類即可，如果數量多到一個收納筐放不下，那我們可以再進行三級分類。

3. 分類方式依照個人理解。比如拼搭類本身也是益智型玩具，沒有絕對的對錯。孩子的玩具千形百態，有一些我們可能根本不知道它們屬於哪一類，針對這樣的玩具，我們可以和孩子一起為它們設立一個分組並起一個名字。

為了輔助媽媽和孩子們更好地進行分類，以下是玩具分類建議，以供參考。

一級分類	二級分類	三級分類
玩具類	益智類	棋／拼圖／扭計骰／迷宮…
	動手類	珠串／摺紙／沙畫
	工具類	沙灘道具／仿真工具
	拼搭類	積木
	交通類	汽車／飛機／工程車／火車…
	玩偶類	毛絨玩具／機械人／仿真動物…
	角色扮演	面具／服飾／道具
	裝飾類	貼紙／道具
	…	…

從左至右分別為：工具類、動手類、拼搭類。

下排從左至右分別為：布藝玩偶、塑膠玩偶（按材質細分法）。

從左至右為：美術用品、塑膠製品（集合）、軌道。

某類玩具數量並不多時，與相似類別集中收納即可。

第四步：定位

根據孩子的日常活動空間，決定將玩具放置在哪一個固定區域，是客廳還是兒童房，要根據實際條件，周邊是否有足夠且安全的空間供孩子玩耍。我經常遇到這樣的案例，玩具放置在兒童房，但因為房間活動空間比較狹窄，加上家長希望孩子可以在視線範圍內，最後孩子還是要搬到客廳玩。一來造成玩具的分散，不利於管理，另一方面，增加了孩子在使用玩具以後的歸位成本。這種情況，我們還是直接將玩具設定在客廳更佳。

決定了整體擺放區域後，可以根據實際收納體的款式、數量、大小來規劃具體如何將玩具按照類別放好，心中先有一個大概的規劃。

第五步：收納

玩具的收納方式有很多種，可以根據孩子年齡的變化而進行調整。

● 6 歲以下的孩子，儘量選擇展示型收納，利用無蓋的筐、籃等分類擺放，**拿取和擺放一個動作完成為最佳**，且每個筐內不要存放過多的玩具，保證孩子可以整筐移動。

● 6 歲以上的孩子，其玩具成遞減狀態，且行為能力更強，改為隱藏收納也沒有問題。並且這個階段的孩子重心漸漸由玩具轉至學習，**隱藏收納能更好地避免注意力分散**。

不管哪個年齡段，都要避免箱子疊放的收納方式，孩子沒有辦法自行拿取，歸位也困難。如果想利用垂直空間，則建議使用收納抽屜、置物架等進行分層收納。

我們還可以根據玩具的大小、材質、形狀選擇合適的收納體。大型的玩具可以採用獨立擺放式收納，或者選擇大型的收納筐、籃等集中收納即可；而零散的玩具如樂高則放入小盒子更方便拿取。

孩子最愛的小車系列使用展示收納法。

同一系列的玩具，獨立集中收納。

玩具可以作為展示進行收納，空間更整潔有序。

有的家長說進行到這一步家裏依然看起來很亂，問題可能出在了原配的包裝盒上。因其大小形狀不一、色彩雜亂，即使擺放整齊，依舊看起來很凌亂。本身玩具色彩感強烈，收納工具沒必要再亂上加亂。前面我們說過建議使用色彩感較低的統一容器。另外，中國家庭的「收納神器」塑膠袋也是玩具收納中常見的工具，因其色彩多、軟不成形，且擺放玩具後多會將口扎起，孩子無法獨立拿取等原因，建議不要使用。

第六步：維持

至此，玩具的整理已經全部結束，對於自己的勞動成果，孩子會更願意維持。

維持方法：

1. 為了幫助孩子在使用玩具後能夠更順利地歸位，我們需要在收納工具上貼上標籤。下圖中使用了照片標識法，更加一目了然。如果嫌此辦法麻煩，可以幫助孩子一起動手製作標籤。

在收納盒上貼上相應的照片，進行識別。

2. 規矩也是需要立好的，比如，孩子難免會忘記或者偷懶，如果媽媽提醒後還是不收好，便沒收或減少遊戲時間以示懲罰。如果孩子能夠做到及時歸位，也不要吝惜我們的讚揚。

3. 在玩具收納的維持中，**控制玩具的入口尤其重要**。家長苦惱於玩具多，卻從來沒有想過都是自己不加控制買入的結果。購買行為背後，其實有着密不可分的心理原因。現代人因為工作的繁忙，對於孩子的陪伴或多或少有些缺失，只有通過滿足其慾望的形式去彌補，購買行為實質是補償。所以，我們不如減少玩具的進入，多陪伴孩子。帶着孩子去大自然探索，也是不錯的選擇。畢竟讓孩子感興趣的，不僅是玩具

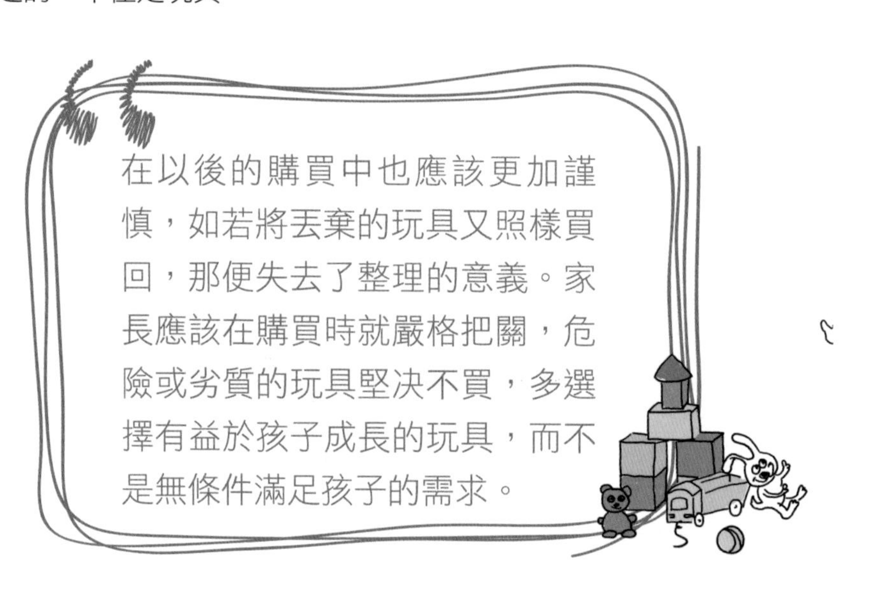

> 在以後的購買中也應該更加謹慎，如若將丟棄的玩具又照樣買回，那便失去了整理的意義。家長應該在購買時就嚴格把關，危險或劣質的玩具堅決不買，多選擇有益於孩子成長的玩具，而不是無條件滿足孩子的需求。

危險玩具　尖角、縫隙、長線、可吞咽、噪音、強光……

劣質玩具　毛邊、掉色、異味、掉毛……

書籍也有分班制，閱讀可以很 nice

隨着孩子的成長，書籍類成遞增狀態。從幼時的繪本到學齡段的教科書、課外讀物等。

總結普遍家庭書籍的整理現狀有以下幾點：

- 書籍不做更新，不適齡的仍多保留，數量超出收納體存儲能力。
- 書籍不做分類，多種用途的混雜在一起。
- 書籍的收納無規劃，且擺放擁擠，不方便拿取及歸位。

書籍放置過滿，孩子拿取十分困難，且不方便孩子歸位。

針對書籍的現狀，在整理上，我們也可以採用分班制。班級不分大小，成員基本不定數，按照孩子年齡段、書籍喜好程度、書籍分類等分好班，孩子也會愛上閱讀。當然，這可以交由孩子自己做主。接下來，我們來看看具體如何操作吧！

第一步：清空

我曾經指導過一個三年級孩子進行書籍整理。她的書籍分別放置在客廳兩組主櫃、書房整面牆書櫃以及兒童房 2 米長的矮櫃裏，數量多達上千本。當然這是特殊案例。針對書籍特別多的情況，全部清空無疑是不可能的。這裏需要先在頭腦裏對書籍進行分類，比如已閱讀、未閱讀；適齡、不適齡，然後按區域分批次清空。

如果數量在能力範圍內，同樣也是建議一次性整理完畢為最好。

第二步：選擇

●6 歲以下的孩子，一般對繪本類都比較有興趣，並且我發現孩子會有反復翻閱的喜好，且這一階段多由父母讀給孩子聽，所以並不是一定要孩子做篩選，除非數量確實較多，超出家中收納條件。所以**這一階段主要還是控制好總數量，選擇的問題可以弱化**。家長多觀察孩子的興趣方向，在後續的購買中注意即可。

●對 6 歲以上學齡段孩子來説，書籍並不全是依據自己喜好能夠做選擇的，再不愛讀的作文書恐怕還是要保留為妙。那麼**書籍的選擇重點便是有無破損及適不適應年齡段**。

對於選擇出來準備處理的書，可以採取捐贈、賣二手、交換等形式解決，直接丟棄目前對於大部分人還是做不到的。

按照喜愛程度及階段需求選擇書籍。

第三步：分類

我們知道分類是為了能夠更系統化地管理物品，對於書籍我們可以從不同角度進行分類。每個人對此有自己的理解和喜好，比如有人按照書脊顏色分類，有人按照書名首字母排序等。

以下介紹目前比較主流的分類方式以供參考：

幼齡段孩子的書籍，可以分為：繪本類／手工類／早教類……

如果數量並不是太多則不一定要特別去做分類，如果家長希望更加細緻或者本身書籍數量較多，為了更好地管理，可以參考以上分類方式。

學齡段孩子的書籍，首先要按照校內及校外書籍作區分。校內書籍如教科書、教輔書等分成一類，校外書籍我們可以按照其性質再分為：

哲學/文學/科學/軍事/語言/歷史/地理/工具……

在此基礎上還可以將書籍按照已閱讀、未閱讀，有興趣、無興趣，適齡、不適齡這樣的分類標準進行再分類。

第四步：定位

依據使用地點，選擇就近收納。

校內的書籍因每天使用，放置在書桌上即可，如果數量多，可單獨使用一層或一格分開收納。低年級書籍一般不能丟棄還要做保留，但因為不太會翻閱，所以在書櫃空間有限的情況下，可以找其他區域收納。

如果孩子書籍的收納空間只有一個書櫃，那建議頂部或底部可以擺放高於現階段的或已經閱讀過但還有可能翻閱的書籍，最方便拿取的區域放置最感興趣的或者使用頻率較高的書籍。如果書籍數量較多且家中有多處收納，則可在最常閱讀的區域放置現階段待讀書籍，如兒童房；已閱讀過的或高階段的則可以放置在書房、儲物間等區域。

經常翻閱的書籍放在明顯的位置，方便拿取閱讀。

第五步：收納

在上門指導中發現，家有幼齡段孩子的家庭很少為孩子設置獨立的書架及明確的閱讀區域，一般書籍散落在各處，或者成箱收納，再不然就是放置在家長的書櫃中。孩子並不能主動拿取，處於被動閱讀的狀態。

培養孩子閱讀的好習慣，需要從創造一個適宜的閱讀環境開始：

1. 考慮到這一時期孩子的行為能力較弱，書籍擺放切忌太多，一定要可以輕鬆獲取。
2. 可以給予孩子視覺刺激，誘使他主動拿取。

所以，針對幼齡段孩子，我們可以選擇購入開放式書架，一方面控制書籍數量，另一方面封面朝外，吸引孩子閱讀，放置在隨手可得的位置，從而培養孩子的閱讀習慣。

對於學齡段的孩子，最常見的書籍收納方式就是書櫃，一方面這個階段的孩子書籍數量多，書櫃較大的空間方便放置，另一方面孩子已能夠自行拿取想閱讀的書，不必家長費心。

不過，此時的書籍收納更要講究方法：

1. 隨着書籍增多，要及時添加書櫃，這時的擺放要注意我們的二八原則，只放到八成滿。當有新的書籍進入時可以輕鬆收納，閱讀完以後孩子也可以輕鬆地放回來。
2. 如果書櫃進深較長，書籍應儘量靠外口擺放，但很多人習慣推至最裏，並隨手就會把一個杯子，一瓶墨水，或是一個不知道該擺放何處的物件堆放上去。

第六步：維持

書籍的維持中，一方面是我們說的歸位問題。給書櫃貼上標籤、區分好類別、擺放八分滿、書籍靠前，這些都為我們的歸位降低了成本，提供了方便。

另一方面便是避免大批量購買。書籍方面最大的問題在於購買。很多家庭的購買頻率已經超出了孩子的閱讀能力。以學齡段孩子來說，每天能夠堅持讀課外書一小時已是很好的習慣了，以此計算閱讀量最快一周一本，一個月四到五本。而家長的購買都是成批的，套系的書現在又比較多，一套書下來十幾本的很是常見。過多的書籍反而會降低孩子的閱讀興趣，給孩子造成心理負擔。

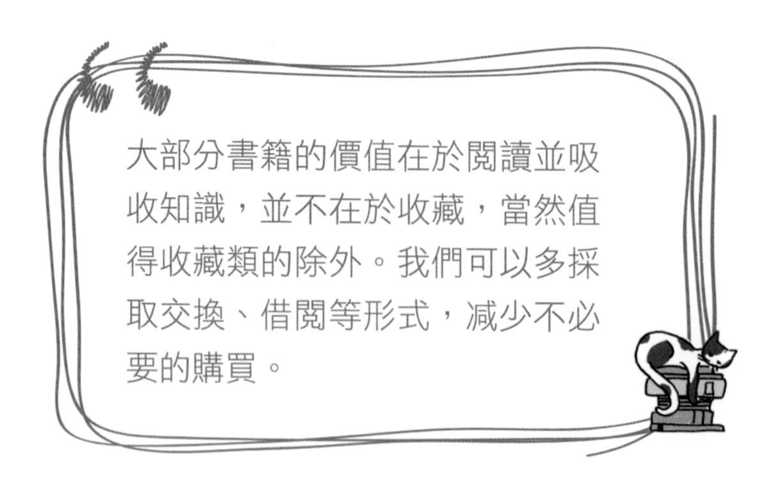

大部分書籍的價值在於閱讀並吸收知識，並不在於收藏，當然值得收藏類的除外。我們可以多採取交換、借閱等形式，減少不必要的購買。

文具不調皮，想用就能找得到

此類別因物品種類繁多，物品體積小，最為零碎，整理稍複雜。

總結普遍家庭文具類物品的整理現狀有如下幾點：

第一步：清空

因其體積小、品類多，很有可能在帶入家中後便四處擺放，所以文具類在所有類別當中最為分散，我們可能隨處都能見到它們的身影，所以清空的工作需要細緻。

第二步：選擇

文具因其體積小、種類多、單價低等原因，家長會無意識地過量購買，再加上免費贈品，數量十分龐大。我們曾經做過一個文具整理的案例，剛剛初中畢業的孩子光所有筆類放在一起竟有數百支。

孩子一人的文具

圖中的這個指導案例，孩子光鋼筆一個種類就有二三十支。詢問原因後得知，因為孩子老是弄壞。我想你和孩子可能也有這樣的煩惱吧。

我讓媽媽大膽地設想兩個場景：

第一，告訴孩子你儘管用，沒有了媽媽就給你買，孩子會怎樣？
第二，告訴孩子如果損壞，自己需要付出一些代價才可以購買新的，孩子又會怎樣？

其中的道理，我想大家都懂。正是因為獲取容易，所以不知道要珍惜，這一點適用在所有物品上。並不是我們要在物質上苛待孩子，而是通過這樣的手段讓孩子愛物惜物，畢竟，不是所有事物都能夠通過購買來解決。另外，過多的文具容易造成孩子精力分散，不利於注意力的集中，有部分小學要求文具盒款式要簡單便是這個道理。

文具的篩選主要是針對已經破損的物品，即使數量再多，讓家長們把完好的文具丟棄，也確實於心不忍，更違背了惜物的道理。而不適齡的文具可以選擇及時贈送，這樣孩子們才能更高效地學習。

第三步：分類

走進一家文具店，如果所有物品混雜在一起，我們想要迅速地找到需要的文具恐怕不是易事；只有有序地分類陳列，我們才能精準地找到。對待自己的物品也是如此。如果分類上有困難，可以帶孩子去文具店時多留心觀察。以下是我們給出的分類參考：

一級分類	二級分類	三級分類
文具類	書寫工具	鉛筆 / 鋼筆 / 原子筆 / 白板筆 / 粉筆 / 螢光筆 / 毛筆…
	繪畫工具	水彩 / 蠟筆 / 顏料 / 顏料盒 / 調色板 / 畫板…
	輔助用品	尺 / 擦膠 / 圓規 / 剪刀 / 膠水 / 釘書機 / 夾子 / 書籤…
	簿類	作業簿 / 筆記簿 / 畫簿…
	紙類	A4 紙 / 練字紙 / 卡紙 / 繪畫紙 / 字帖…
	文件處理用品	文件夾 / 袋 / 盒…
	配套用品	筆盒 / 筆袋 / 筆筒…
	電子產品	CD 機 / 收音機
	…	…

第四步：定位

文具的定位我們要考慮孩子的使用情況及具體空間情況。如果書桌附近有足夠的空間，可以將文具集中收納在此處。如果書桌附近空間有限，我們可以將備用文具單獨找地方收納。書桌附近只擺放一套正在使用的文具即可。

第五步：擺放

按照我們的二八原則，書桌等展示型收納體上只放置每天都需要使用的文具，其餘隱藏收納。我們可以使用多個收納筐將文具分類擺放，或者使用抽屜櫃分層擺放。備用文具因使用頻率低，沒有必要全部展露，隱藏起來視覺上更整潔。

另外可以根據收納體的數量及具體文具數量決定收納方式。例如，我們有八個收納筐，那就可以按照分類參考表裏面的二級分類去擺放。如果只有四個，那就必須將分類進行合並。反而言之，想要分類更細緻，則可以多添置幾個收納工具進行區分。

第六步：維持

物品多是維持的一大天敵，試想所有文具只有在使用的量，還需要維持嗎？維持工作更多是針對備用文具而做的。所以除了給文具定好位之外，**控制數量便是最簡單的維持方法。**

文具的整理過程，雖不要求強制篩選，但是控制後續買入十分重要。我們知道，文具的購買通常有幾個原因—— 孩子喜歡、使用時找不到、折扣促銷、拼單購買等。經過徹底地整理，通常我們能夠客觀地看到所擁有的文具總量，找不到的情況基本不會發生。其次，給現有文具的使用周期做預估，在此期間儘量不要購買。

如果孩子有確實特別喜歡的怎麼辦？那就買回來，我們並非要壓制喜好，但是既然買了自己喜歡的，那就和孩子達成共識，將現有的再精簡一部分。物品的購買十分便利，只要孩子需要，放學路上便能立即買到，我們實在沒有必要把家中當成倉庫。

文具的分類較多，別忘了在收納盒上貼上標籤

衣櫃滿滿，想穿的衣服也會自己「跳出來」

在中國家庭，一般孩子買甚麼衣服穿甚麼衣服都由家長代為決定。孩子不太有自己的意見和想法，可以理解為孩子與衣服的密切度最低，所以將此類物品整理放後。

但是衣物的整理不僅解決客觀的物品問題，還可以培養孩子的審美能力，不容忽視。衣物是習慣性按照色系排列，還是隨手丟進去就好，這些細節足以體現一個人的審美。

中國家庭衣櫃整理有以下幾個常見問題：

- 衣服多，衣櫃永遠不夠用
- 衣櫃格局不合理，不知如何利用
- 衣物不分類別、雜亂無序
- 整理效果不能維持

第一步：清空

按照整理流程，我們要將所有衣物清出來並集中在一起。在上門指導中，媽媽們總能從家中各處搜集出數包沒有放在一起的衣物。只有全部集中在一起，我們才能全面地看到具體的數量和種類。

衣物整理同玩具整理一樣，有些家庭數量十分龐大，如果媽媽和孩子沒有足夠的勇氣，可以選擇分區清空。否則，全部清出來，收不回去就麻煩了。但是分區清空勢必帶來反復整理，這次清出的衣物哪怕已經放好，最後還是需要全部調整，更加耗費精力。所以，為了避免整理的反復性，儘量能夠抽出時間一次性完成為好。

第二步：選擇

孩子衣物的取捨相對較容易。因為尺寸的原因，沒有辦法將就。孩子的成長相當快，衣物的淘汰基本上以一年為周期。那麼孩子的衣服自然不需要太多。恐怕衣服已經顯小，吊牌都還沒取下的情景在很多家庭都出現過吧。

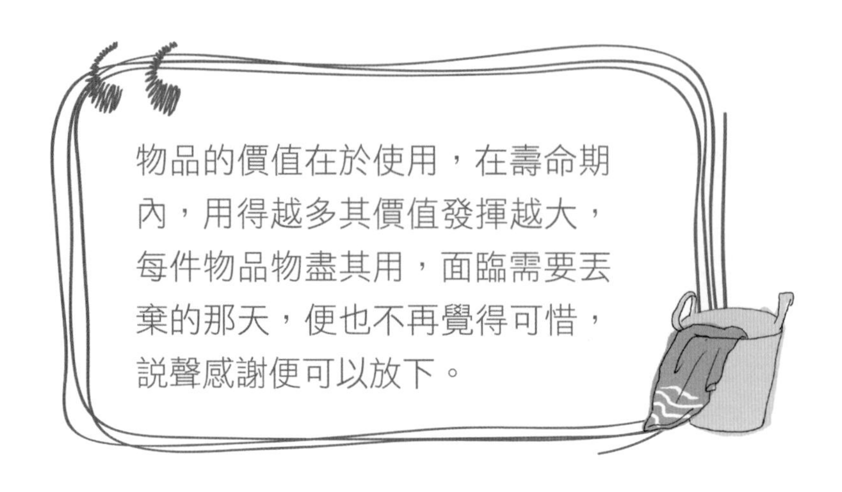

物品的價值在於使用，在壽命期內，用得越多其價值發揮越大，每件物品物盡其用，面臨需要丟棄的那天，便也不再覺得可惜，說聲感謝便可以放下。

衣物的選擇，即使孩子小沒有想法，也可以試着詢問，這更是與孩子很好的溝通機會，在這個過程中可以瞭解孩子的穿衣喜好，知道孩子是否穿着舒適。

內衣類屬於消耗品，建議以固定時間為周期成批替換。

篩選出來的衣物根據時間精力決定如何處理。如果想要送人，要明確對方是否需要，切不可自己一方意願，己所不欲，勿施於人。直接放在樓下也是不錯的選擇，但要注意每件衣服需要清洗乾淨，疊放整齊。需要的人自會拿走，物品再次被使用，發揮價值。而內衣類，或是有破損的衣物還是直接丟棄比較好。

清空後，將衣服先放在一起進行篩選。

待處理衣服

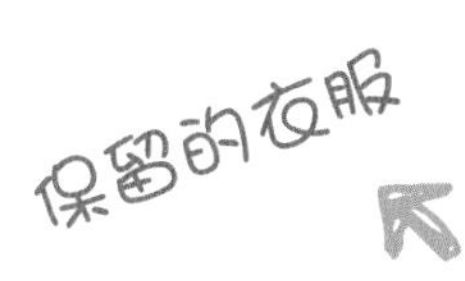

選擇衣物的去留，形成保留及待處理兩類。

第三步：分類

對保留的衣物進行分類。衣物的分類較容易，除了以下按照種類分類的方法外，一般還會先按照季節性進行分類。

一級分類	二級分類	三級分類
衣物類	外套	棉服 / 羽絨 / 針織衫 / 大衣 / 西裝 / 運動服…
	上裝	襯衫 / 針織衫 / 毛衣 / T恤 / 雪紡上衣 / 衛衣
	下裝	休閒褲 / 西褲 / 運動褲 / 牛仔褲 / 半身裙
	連身	套裝 / 連身裙
	內衣	吊帶 / 內褲 / 襪子 / 背心 / 家居服
	特殊	泳衣 / 泳帽 / 防曬衣 / 舞蹈衣 / 禮服 / 演出服 / 練功服 / 校服…
	…	…

對於常見的衣物基本固定在衣櫃內的情況。在收納之前我們需要考慮的是衣櫃到底該如何使用。

以下是衣櫃的分區情況：

黃金區	當季，使用頻率高
白銀區	當季，偶爾使用
青銅區	非當季，使用頻率低

我們看到圖中有黃金區、白銀區和青銅區，自然站立，手臂上舉，指尖觸碰的位置到手臂自然下垂指尖觸碰的位置，這樣一個範圍我們叫黃金區；衣櫃底部為白銀區，蹲下即可拿到物品；頂部青銅區過高很難拿取。

衣櫃分區是根據使用者身高來劃分的，所以在親子整理中，我們要注意降低收納高度，才能方便孩子拿取擺放。

第五步：收納

對於 0-3 歲階段的孩子，不必要求一定做到自行收納，加之這一階段多與父母同用衣櫃或者用收納櫃收納，且衣物較小，採用摺疊法收納最節省空間。而隨着孩子長大，衣物增多，擁有獨立衣櫃，且為了培養其自行收納的習慣，我們要充分使用懸掛空間，從而降低孩子的收納難度，可以做到自己將乾淨的衣物歸位。很多家長不願意懸掛，擔心收納空間不足，這就需要根據衣物數量選擇合適的收納方式。如果實在迫於現實情況，則區別對待。

優先懸掛	外套類 / 連身裙 / 襯衫 / 雪紡類 / 絲質類
疊掛皆可	衛衣 / T 恤 / 褲子 / 毛衣 / 半身裙 / 家居服
摺疊	內衣 / 襪子 / 秋衣秋褲 / 其他

優先使用懸掛區；如懸掛區有限，則按上表的優先順序，剩餘的進行摺疊。我們傳統採用重疊放置的方式擺放，拿取下面的衣物，上面容易翻亂，是我們在衣櫃整理中容易複亂的重要因素。在衣櫃不能改造的情況下，採用立式摺疊法，能夠很好地避免雜亂的發生。

立式摺疊的衣服

第六步：維持

按照上述方法完成整理後，維持工作變得輕鬆簡單。學齡段的孩子可以獨立完成，只需要按照現有的狀態歸位即可。因為大量衣物採用懸掛收納的方式，孩子將乾淨衣物收入十分方便。

衣架作為一個小細節通常被家長忽略。同一個衣櫃內，經常遇到混雜了幾種衣架的情況。統一的衣架一方面可以使整理效果更明顯；另一方面，細節決定品質，小小的改變可是為生活品質加分不少呢。

採用統一的衣架，
衣服整齊有序。

立式摺疊法步驟

衣物的摺疊要講究方法，才能更好地維持。立式摺疊不僅能節省空間，還便於拿取，是衣物整理收納必備的技巧。

以下圖中示範衣物摺疊的步驟，尺寸為 110，130 以內尺寸的衣物均可按此法摺疊，130 以上衣物較大，可增加摺疊次數。具體摺疊大小還要結合收納體的尺寸。

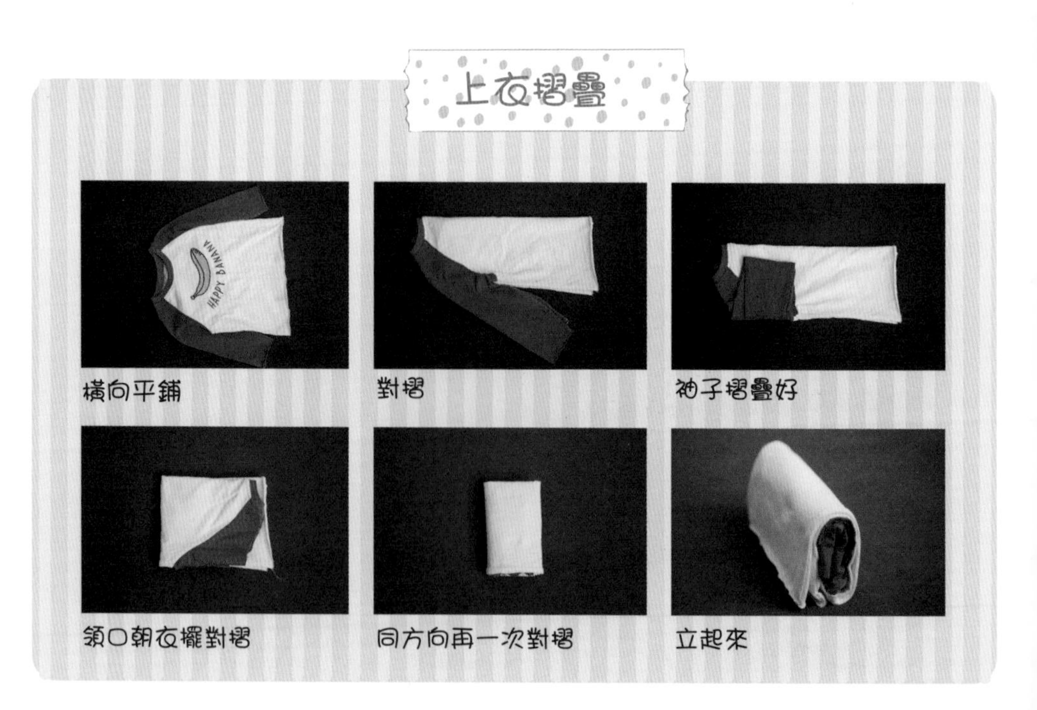

上衣的摺疊均可參考上圖，如背心，短袖T恤，毛衣等。先摺成規則的長條形，再根據實際衣長進行摺疊，最後形成長方形。

短褲摺疊

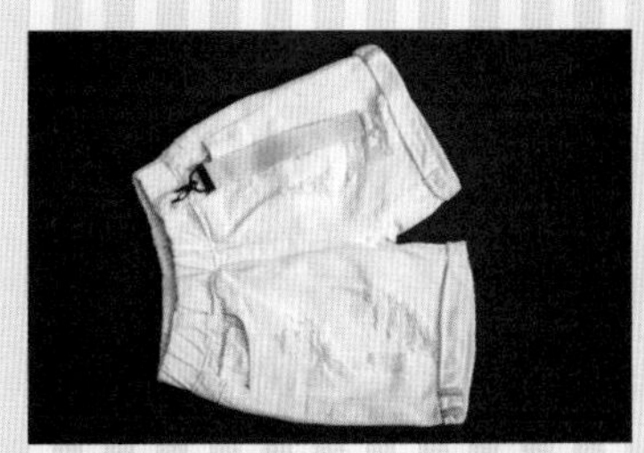

短褲橫向平鋪

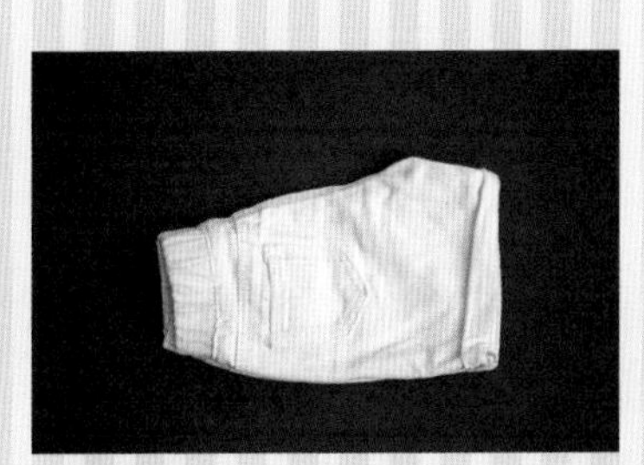

對摺重合

橫向對摺

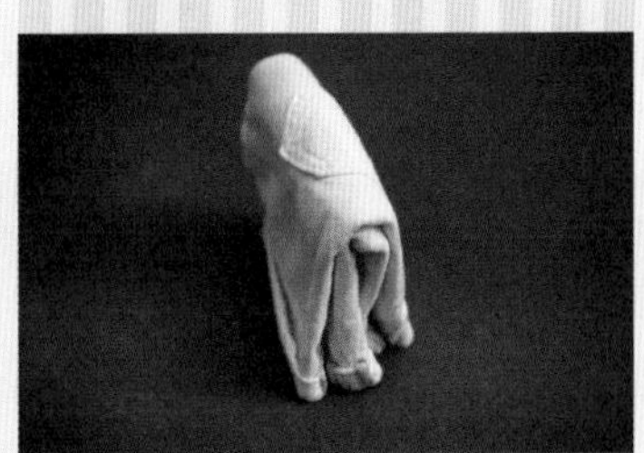

立起來

長褲摺疊

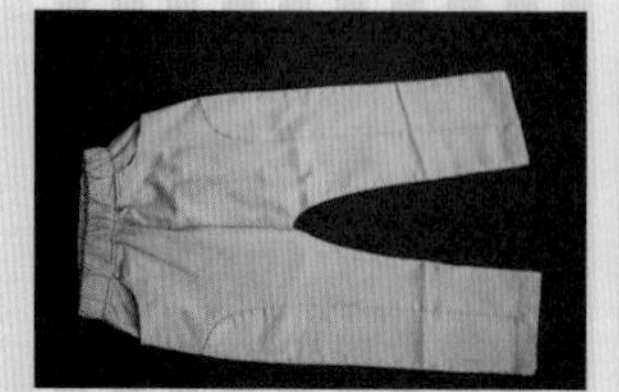

長褲橫向平鋪

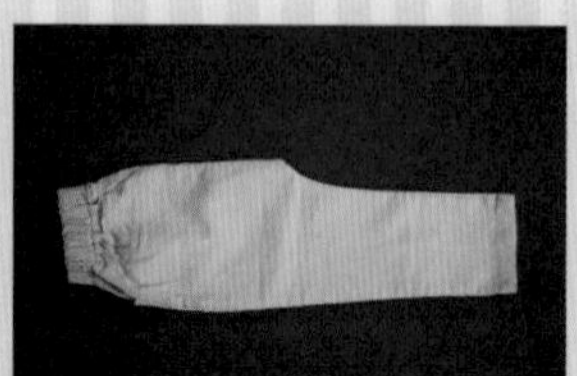

對摺重合

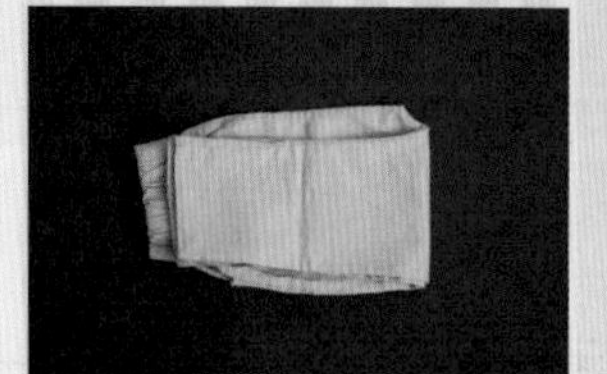

橫向對摺

再對摺

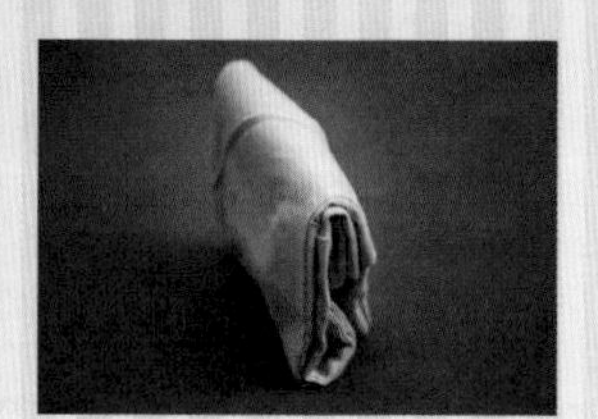

立起來

內褲摺疊

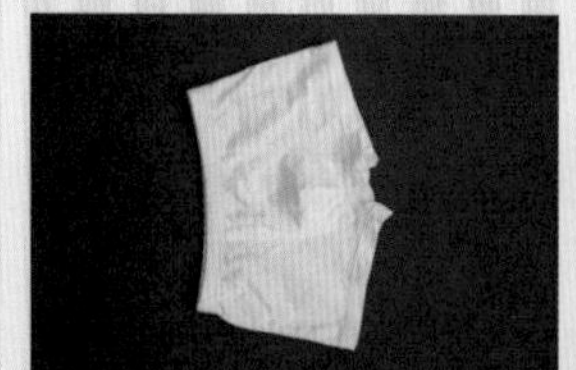

內褲平鋪

三分之一處摺疊

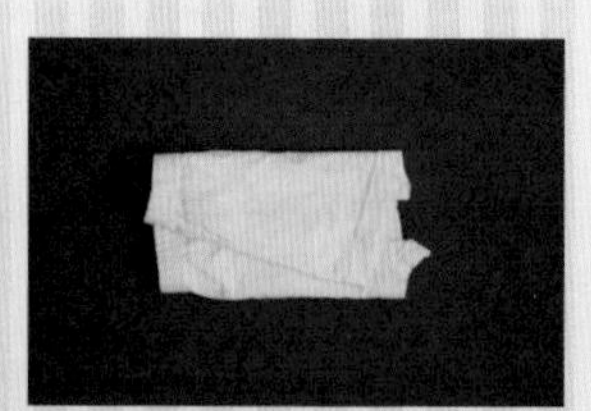

另一邊覆蓋

腰部向內摺三分之一

襠部向內摺三分之一並塞入腰部

立起來

襪子摺疊

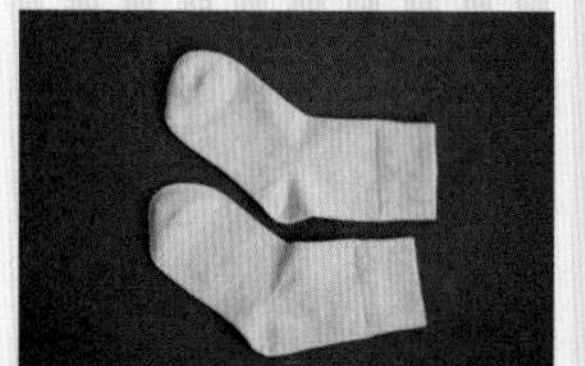

同方向擺齊

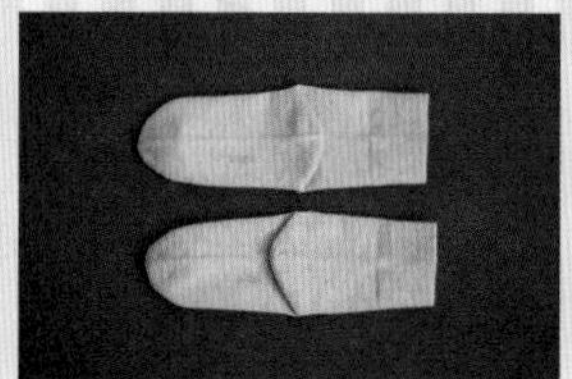

兩隻重疊，襪跟一上一下

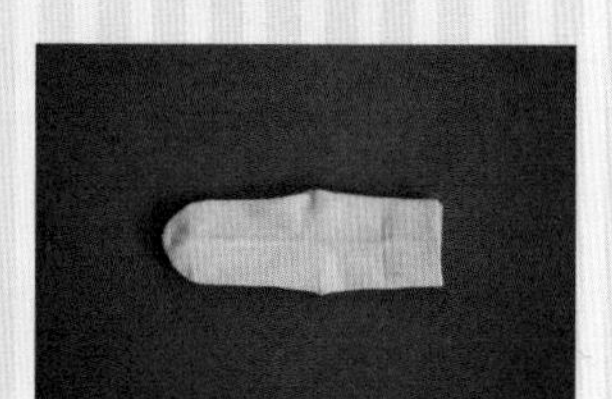

襪子平鋪

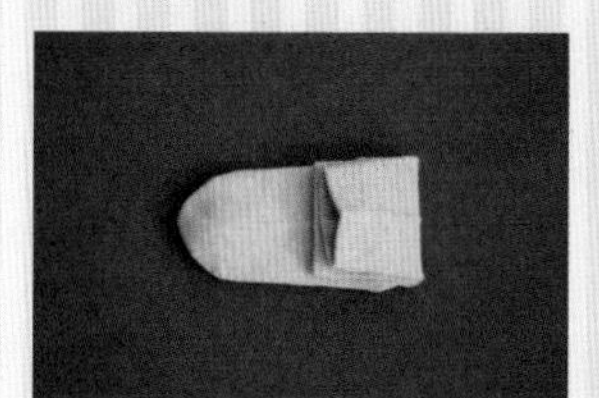

襪口向內摺三分之一

尖向內折三分之一並塞入襪口

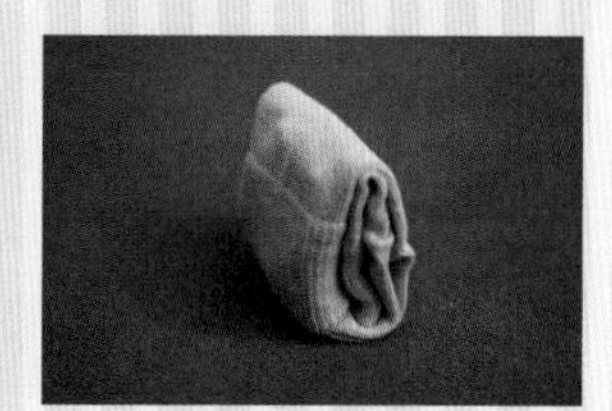

立起來

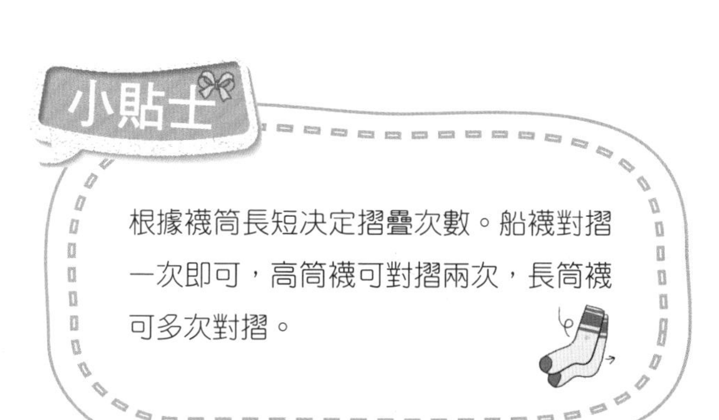

小貼士

根據襪筒長短決定摺疊次數。船襪對摺一次即可，高筒襪可對摺兩次，長筒襪可多次對摺。

套裝摺疊

上衣橫向平鋪

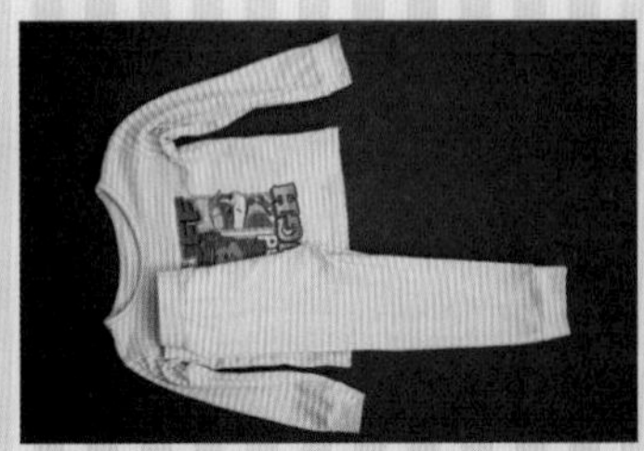
褲子對摺後平鋪在上衣一半位置

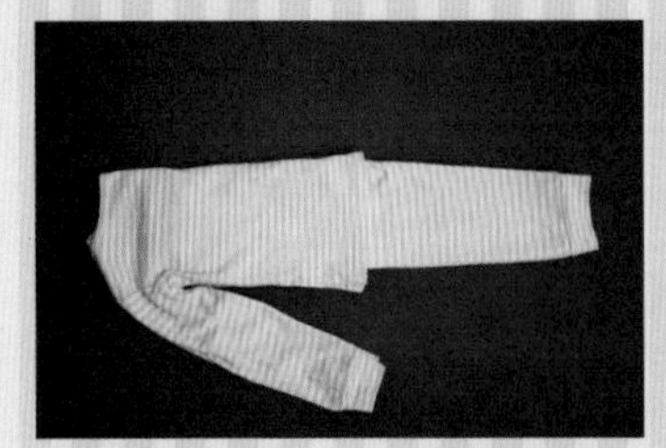
按上衣摺疊法將上衣對折

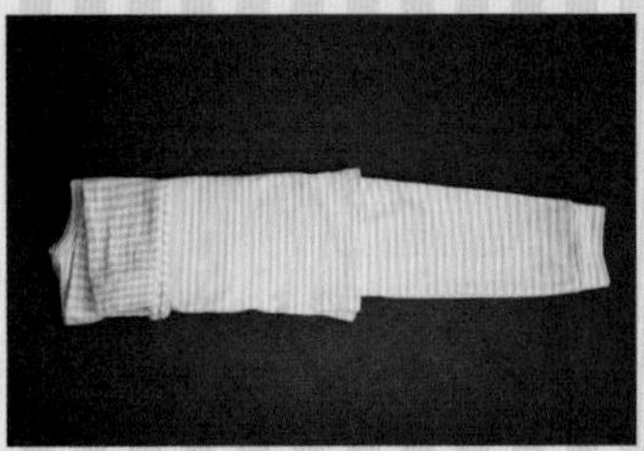
按上衣摺疊法將袖子摺疊好

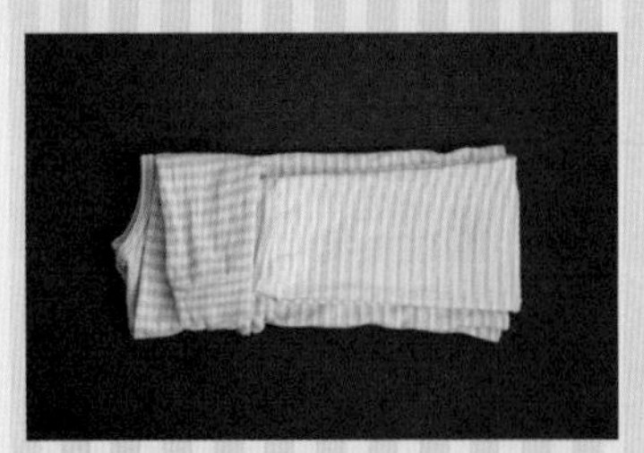
褲腿收到與上衣齊平

按上衣摺疊法由領口向內折三分之一

按照上一步方向再摺疊

立起來

親子整理，教會我們的那些事

通過親子整理，家長和孩子齊動手。孩子獲得了更多的獨立空間及有序整潔的環境；物品變得清晰有序，用時隨手可得，利於培養孩子良好的生活習慣。

除了給孩子營造一個最佳的成長環境，整理更培養了孩子在成長中所需的更多能力和品質。

物品的選擇，鍛煉了孩子的決斷力。

人的一生中會面臨很多選擇，小到一件物品，大到未來的職業，都需要自己做抉擇。通過對物品的選擇練習，讓孩子更加瞭解自己，學會思考，處理事物更加果斷。

物品的分類，鍛煉了孩子的邏輯能力。

讓孩子學會細緻地觀察，能夠迅速在諸多事物中找到內在關聯及規律，幫助孩子理解和掌握新的知識，處理問題更具條理性。

物品的定位，讓孩子學會統籌規劃。

何物放置於何處，需要有嚴密的思維和整體觀念。能夠分清事物的輕重緩急，這也是管理者的必備能力之一。

物品的收納，讓孩子增強責任感。

如何管理自己的物品，決定了自己將在怎樣的環境中生活，是對自己負責；物品的擺放不給他人帶來負擔，是對他人負責。

一個能夠管理好自己物品的孩子，背後是秩序感和掌控力的體現，而這些能力將幫助他管理好自己的時間，遇事積極主動不拖延。我們在實際指導中發現，孩子書桌是否整潔與其學習成績的好壞有著密不可分的關聯。

更為重要的是，我們在整理有形的物品中，也在整理著無形的事物。常説「一屋不掃何以掃天下」，整理物品更是孩子管理好自己人生的開始。

而對家長來説，整理好孩子的物品，可以避免因找不到而造成的重複購買；掌握親子整理術，大大減少時間的花費和精力的付出。從負能量中解脱出來，心情愉悦，家庭關係也將更為和諧。

親子整理更是一種高質量的陪伴方式。在整理過程中，我們可以真正瞭解孩子的喜好，學會尊重孩子的想法，用愛填滿孩子的內心。親子關係更加密切，讓孩子成為內心富足、充滿幸福感的人。

好的整理習慣，更是一種家風。它背後體現了一個家庭的素養和精神力量，我們應該從自身做起，給孩子樹立榜樣，並且將這種家風一代代傳承下去。

第三章
案例篇

告別整理煩惱，打造輕鬆自在的親子空間

我想，不真正走進家庭，任何規劃整理都是脫離實際的紙上談兵。空洞的方法論不如真實的案例，本書就是要告別樣板間式的整理指南，探索適合家庭成員的整理術。

作為一名整理師，我知道案例中空間規劃上的不合理，知道收納體格局存在的一些問題，但在大部分情況下也只能借助現有工具，有限地進行調整。當然，正因為這種不完美，才讓大家更有操作性，更有興趣投身整理中。畢竟，現實生活中我們總有諸多無奈。

一萬間房子有一萬種樣子，一萬個家庭有一萬種生活方式。在這些真實案例中挖掘共同的問題，然後舉一反三，尋求最適合自己的方法，這才是親子整理術學習的聰明之道。

主動溝通，讓孩子自己做主

兒童房平面圖

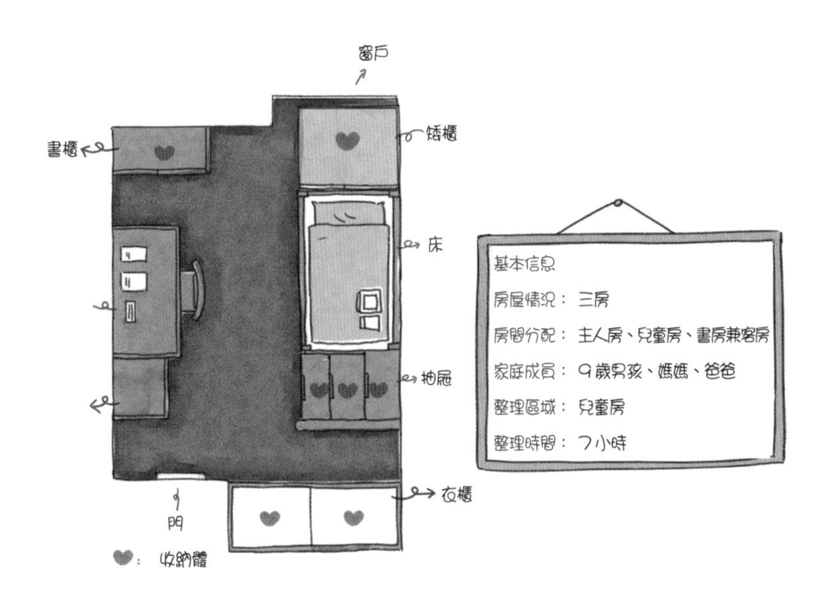

案例背景

空間

兒童房主要為學習和娛樂使用，孩子與父母在主人房同睡。家中另一室為客房，房內擺放了兩組書櫃，兼具書籍收納的作用。

物品

物品數量適中，其中書籍佔比最大，分布在兒童房書櫃和客房書櫃兩處。學習用品等雜物類最亂。衣物在兒童房衣櫃和主人房衣帽間兩處。

人

媽媽講述，孩子對整理並沒有意識，基本由媽媽代勞了，小到書包也由媽媽整理。但因為工作繁忙，精力實在有限，希望孩子能夠養成自己整理的好習慣。與孩子的溝通中也瞭解到，孩子對於環境並沒有太關注也無所謂，認為都由媽媽打理，自己不需要管。

整理

（1）書籍區

書籍分布在兒童房書櫃及客房兩處。

書櫃分為上下兩部分，上部為玻璃門的展示性空間，下部為帶櫃門的隱藏性空間。書櫃頂部放置了一箱媽媽已經遺忘的物品。

書籍的前部空間及書籍上部堆放了各類雜物，不僅視覺上凌亂，且影響書籍的拿取。

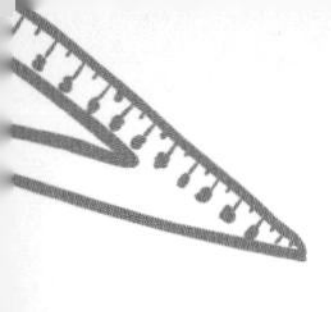

下部因為是隱藏性空間，更加雜亂，物品隨意堆放。

整理方案

經整理，移除了一部分低於閱讀年齡段的書籍。兒童房主要用於收納現階段正在閱讀及新購入的書籍。已閱讀過或暫高於閱讀年齡段的書籍收納於書房。

書籍放置 8 分滿，更方便孩子拿取，也為後續進來的書籍留白。每一層按照類別擺放。具體如何分類，家長可以和孩子一同討論。各自說出想法，無疑是很好的交流機會。

書籍擺放時注意儘量靠書櫃外口，因為書櫃的進深遠大於書籍的長度，推至最裏，前面一旦有空間，就會無意識地隨手擺放物品上去。

從書櫃裏面清理出的待丟棄物品

（2）小物品區

書桌是小物品最容易堆積的區域。因為在整理前，物品沒有做好定位，無處安放，只能堆放在書桌上。

書桌的玻璃墊下鋪滿了色彩強烈的紙片，即使桌面無物，看起來也依舊凌亂，且會分散孩子注意力。

組合型儲物架，收納能力不強還佔空間，同時還會造成物品的堆疊。

整理方案

桌面只留下每天最常用的物品，並保持整潔。

優化：書桌前照片擺放稍多，易分散孩子注意力，故建議移除，或放置在書桌對面床邊的牆面。

書桌可以按照孩子喜歡的樣子布置，保證桌面乾淨整潔為基本原則。與孩子溝通後暫時不用的小物品，統一收納在適合孩子拿取的位置。

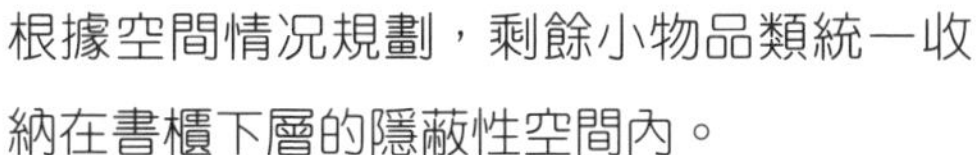

根據空間情況規劃，剩餘小物品類統一收納在書櫃下層的隱蔽性空間內。

下層左邊擺放照片，右側為低年級書本，隨着孩子年齡增長，書本增多，可以統一移至床邊的矮櫃裏。

篩選不需要的物品後，餘下的利用統一顏色、統一規格的收納筐，分類收納，方便拿取，並且利用標籤管理法，方便物品歸位。如果家中沒有收納筐，可以使用方形的紙盒替代。

文件類利用收納袋進行分類並貼標籤，以便查找。此案例中按照媽媽及孩子的理解設置為紀念品及獲獎證書類。隨着文件及類目的增多，可增加文件袋。

（3）其他區域

孩子喜愛閱讀，但因為書籍的分散擺放，並無固定閱讀地點。故將窗前矮櫃設置為閱讀區，僅擺放數本近期在讀書籍。

（4）衣物類整理

衣櫃頂部空間沒有使用，隨意堆放了多個空盒子，且經詢問為無用之物。

衣櫃底部空間也並沒有明確的功能劃分，處於隨意擺放的狀態。放置了書包、演出服、購物袋，還有非孩子物品。

很多家庭裝修時都會在兒童房做整面牆固定衣櫃。

父母代為整理，並沒有很好地使用，衣物處於滿溢的狀態。

此次整理，我們將主人房中孩子的衣物，移至兒童房衣櫃集中收納。

媽媽利用分隔板，將懸掛區改為三層，認為懸掛沒有疊放裝的多。這也是絕大部分人的觀念。但可以看到實際狀況非常凌亂，且不便於拿取。花費時間摺疊整齊，保持時間短，最後變為直接塞進去。每天由父母代為孩子拿取衣物，父母也因為複亂問題，非常困擾。

利用懸掛式的分層板分隔空間，可以看到每層空間只能放置一兩件物品，空間利用率非常低。

懸掛區下方堆放了紙盒、用塑膠袋打包的衣物，還有空的收納盒。

左下角收納抽屜因尺寸不合只能側放，拿取衣物十分不便，且內部物品放置雜亂。

依照我們的方法論，清除所有物品，還原衣櫃內部格局。

① 頂部由於高度問題，使用率最低，優先選擇存放非當季物品，我們收納了棉服、毛衣、棉褲。利用統一規格顏色的百納箱存儲物品，既能防塵，視覺上也更整潔。

② 移除原先媽媽增加的隔板和懸掛式分層板，最大化利用三塊懸掛區，降低孩子整理的難度。目前分為棉服區（右上），春秋外套區（右下），春秋上衣（左上）。因整理時正值春季，氣候多變，保留了少許棉衣在外。

③ 左側懸掛區尺寸較長，利用原有分隔板，增加一層收納空間。如果不使用分隔板也可以在左側層板上放置尺寸合適的收納抽屜，充分利用垂直空間，如圖可以放置 4 ～ 6 個收納抽屜。

入夏後即可將棉衣收入百納箱，改為懸掛夏季衣物。到秋冬季節時只需將百納箱內的衣物取出懸掛，較薄的衣物收入即完成衣櫃的換季整理。

百納箱的使用

上門指導中發現，大部分客戶並不知道如何合理地使用百納箱。存放衣物時多採用摺疊、重疊放置的方式，甚至是隨便塞進去。經過一段時間，再將衣物拿出來會非常皺。再者，這樣的收納方式使空間並不能被完全利用。我們建議採取平鋪的方式，更好地保護衣物，同時使儲物能力達到最大化。

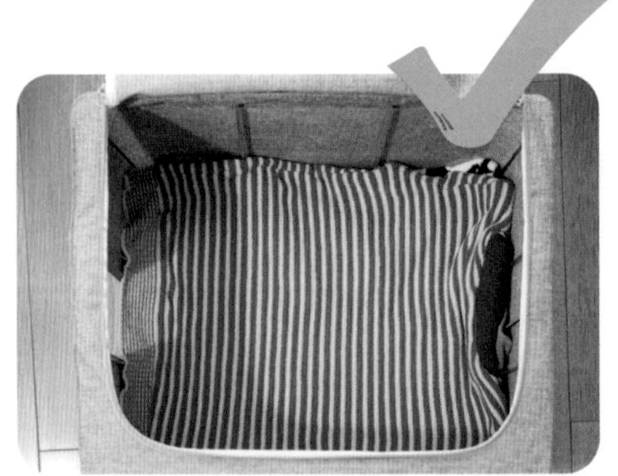

疊放區摒棄傳統的重疊放置方式，採用立式摺疊法，利用收納筐等合適的收納工具擺放。選擇無蓋的筐，減少孩子拿取的步驟，且因收納物為常用物品，無須考慮灰塵問題。圖中為客戶自行準備的同款同色收納筐，如果家中沒有，可以使用紙盒等替代。

其收納物分別為：第一層：內褲、襪子、當季帽子。第二層：棉毛衫、長褲。第三層：夏季短褲。入夏後可以將棉毛衫收入頂部百納箱，空出空間給當季物品。底部小收納框內為使用頻率較低的季節性小物件，有冬季帽子、圍巾、手套、防曬服、泳衣等，因數量不多，可選擇集中收納。

整理完成後

床梯的三個抽屜，目前為空。因其在書桌後方，規劃可用於放置孩子的校內用品，如書籍、試卷、美術材料等。隨着孩子的長大，床下空間已顯小，且其重心由玩具轉移至閱讀，所以這一塊空間基本無用。

在家長暫不考慮換床，孩子也不排斥的情況下，隨着孩子物品增多，可以在床下靠外延放置高度相當的收納櫃等用於擺放常用物品，或者用布料等遮擋，形成一塊隱藏式收納空間。整理中，我們引導孩子試着表達自己的需求，孩子説希望換一盞更亮的燈。

認清現狀，營造良好學習環境

兒童房平面圖

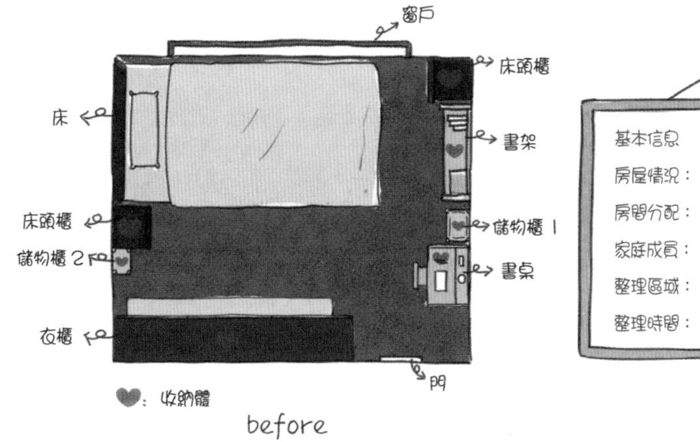

案例背景

空間

女孩已經完成分房，獨立成長。此時兒童房需要滿足孩子成長中的所有需求。但空間布局不合理，尤其是床尾的區域十分擁擠。

物品

物品已超出收納體的存儲量，很多書籍因無法擺放而散落在地上。尤其以小物品類最多，沒有固定地點收納，分散四處，整體可見非常混亂的狀態。整理時媽媽從主人房裏清出好幾包孩子的衣物。

人

家長因為混亂的兒童房環境而感到焦慮，卻找不到問題所在，也無從下手。因毫無頭緒，整理多為半途而廢。此次指導訴求是希望掌握整理方法，給孩子創造一個良好的學習環境。

整理

（1）書籍區

床尾與書桌之間擁擠，想要到達書架十分不便。且家長反映因書桌靠着房門，走動時孩子經常受到干擾。

書架與書桌中間臨時添加的儲物櫃功能並不明確，並且由於材質問題，承重力不佳。如此放置既不美觀也不實用。

書架最上層已成為雜物堆放區，且下部書籍夾雜着文件等隨意放置，多數因無法歸位而直接放置在地上。

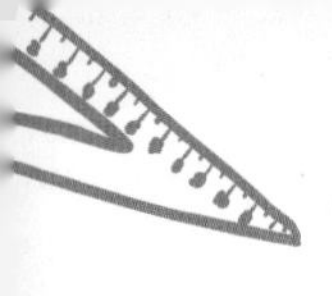

整理方案

兩個床頭櫃集中放置在床尾牆角處，相同靠近原則，形成一個收納區。四個抽屜可以分類擺放照片、資料等物品，檯面則可放置孩子的頭飾、裝飾品等。

明確書架的用途，僅擺放書籍。根據孩子的需求，給每層做了分類，如課外讀物區、學習區、書法區等。

書架夾在床尾，空間已不能滿足實際需求。可以將書架稍向外移動，既不影響走動，且給孩子營造更開闊的閱讀空間。

（2）小物品類整理

長期處於物品只進不出的狀態，只知道房間雜亂無從下手，卻沒有意識去面對。

所有筆集中到一起才知道原來積攢了這麼多，而多數購買都是因為需要用時找不到。

整理中我們從各處找到的筆袋、筆盒，多達 20 個。而孩子真正在用的只有一個，算上備用的也不過 3 個。

根據實際需求及現狀，書桌移至床邊，空間更為開闊且孩子學習不易受打擾。

書桌上僅擺放每天使用的物品，文具等只保留一份的量，其餘統一收納在別處。

將原先放置衣物的抽屜櫃清空，用於集中收納小物品，且因有多層正好用於分類。放置在書桌邊，滿足了使用需求及動線的合理。

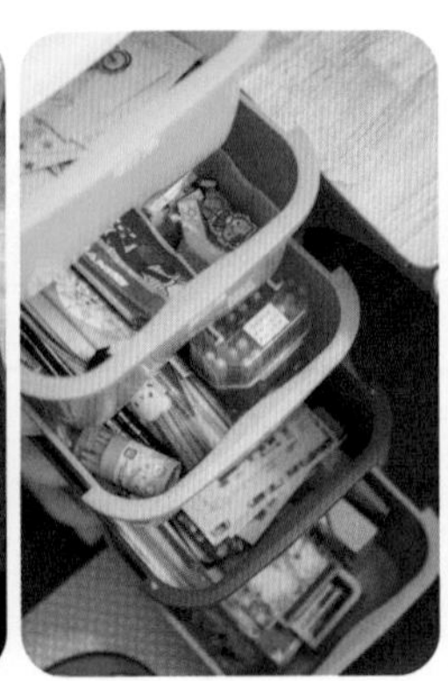

（3）衣物類整理

考慮空間收納能力而做的整面牆衣櫃，媽媽不知道該如何使用。除了懸掛區以外，其他衣物只能堆疊，襪子內褲等小件物品根本無處收納。

堆疊，帶來的就是拿取不便，媽媽為此在床頭處添置了收納抽屜擺放常用衣物。但我們看到現實情況也十分凌亂。

收納體本身不實用或者不會用，再額外添加收納體的情況十分常見。

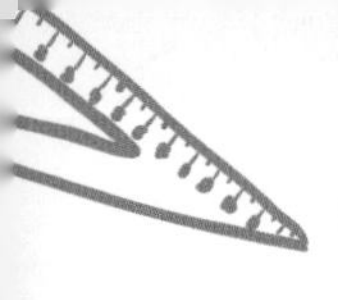

衣櫃頂部因高度問題，衣物只能隨手塞進去。

懸掛區下方沒有做隔板抽屜等，很大的空間媽媽卻不知道如何利用，除了堆疊沒有其他辦法。這也是大多數家庭中常見的情況。

整理方案

對衣櫃重新進行規劃。因整理時正值春夏，故決定靠裏面的區域收納秋冬物品，左邊區域收納春夏物品。非當季衣物按類別利用百納箱集中收納。

最大化使用懸掛區後，利用收納抽屜進行空間的分隔。如果孩子衣物特別多，右邊區域的下方也可以增加同樣的收納抽屜。

因孩子身高問題，故將書包放置於右下區域，方便其自行拿取。

此案例中百納箱較小，我們正好可以進行種類的細分，如果只有兩個比較大的百納箱時，分類則可以稍粗略。

衣架款式多樣，五顏六色，建議更換成統一的樣式，增加整潔度。

襪子內褲，如果介意則可以分開擺放。

短袖 T 恤

長褲

短褲

校服

家居服，短裙

整理後的百納箱中衣服分類清晰，便於拿取。

整理完成後

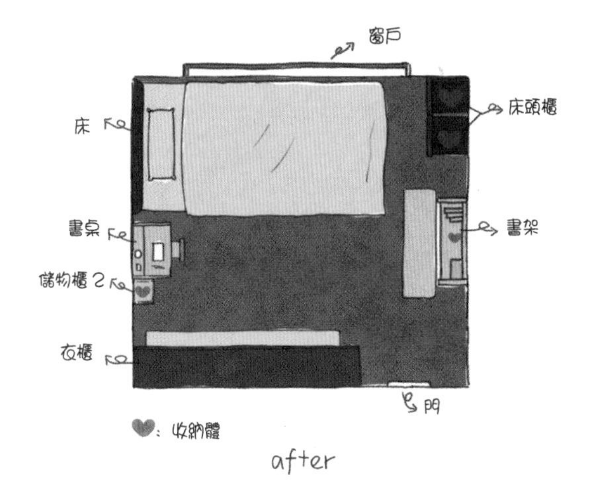

此案例中尚有兩點可以優化：

① 保留的文具類物品有待進一步選擇。

② 抽屜櫃色彩感強，如換成白色、透明、木色或色彩飽和度較低的顏色視覺效果會更整潔。

把握方法，培養整理好習慣

兒童房平面圖

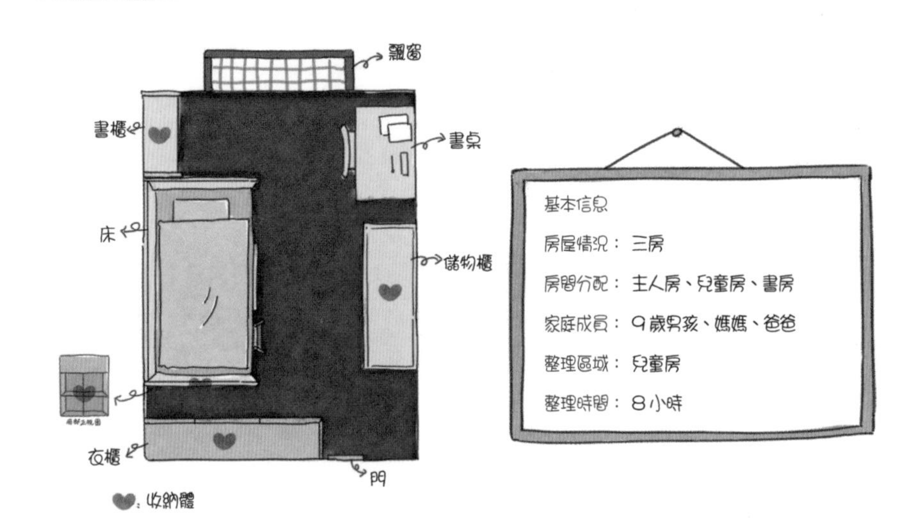

案例背景

空間

孩子暫與父母同睡，此時兒童房的收納體已經基本配備完成。家中書房為家長使用，不放置孩子物品，故此房間要完成所有物品的收納。由於空間尺寸、飄窗位置等原因，布局不做調整。

物品

因為收納體充足，物品可以隱藏，外部情況看起來並不算特別糟糕，但是收納體內部混亂無序。此案例以學習用品為最多。

人

家長有意識地培養孩子自理能力，但是因為家長本身並不知如何收納，引導力極為有限。本次的整理重點是希望孩子能夠掌握整理方法，指導方案由家長孩子共同學習。

整理

（1）小物品類整理

針對孩子小、物品較多的情況，媽媽特地添置了1.2 m×1.2 m的儲物櫃。

抽屜是很好的空間分層工具，但是要用好，必須規劃好每一格、每一抽屜內放置哪類物品。如果只是隨意擺放，情況一樣會很糟糕。

此案例中各類物品摻雜，分散在各處，必須重新分類擺放，所以一個抽屜一個抽屜地整理是無效的，必須全盤清出。

清出所有物品，媽媽和孩子驚呼「原來有這麼多」，特別是學習用品類。這也是不做整理所意識不到的。一樣是因為用時找不到，以為沒有，不斷重複購買。另外免費贈品也是一個來源。

整理方案

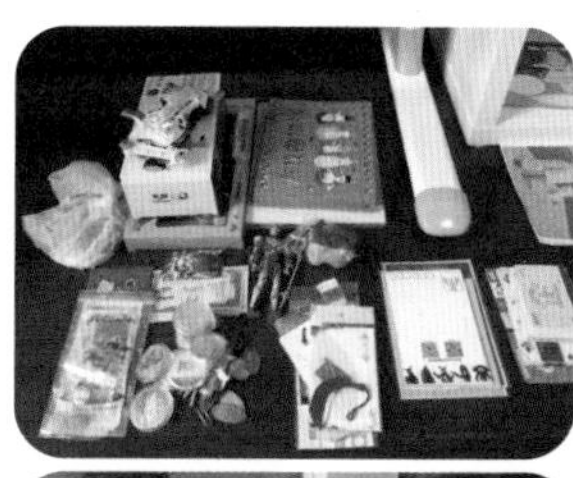

將所有物品大致分類，挑選起來更有頭緒。暫時分為了文具類、紀念品類、繪畫工具類、文件資料類。

幾十支鉛筆，幾十支畫筆，光膠水就足足 7 支。可以設想全部用完需要多久，更何況我們還在源源不斷地買入。

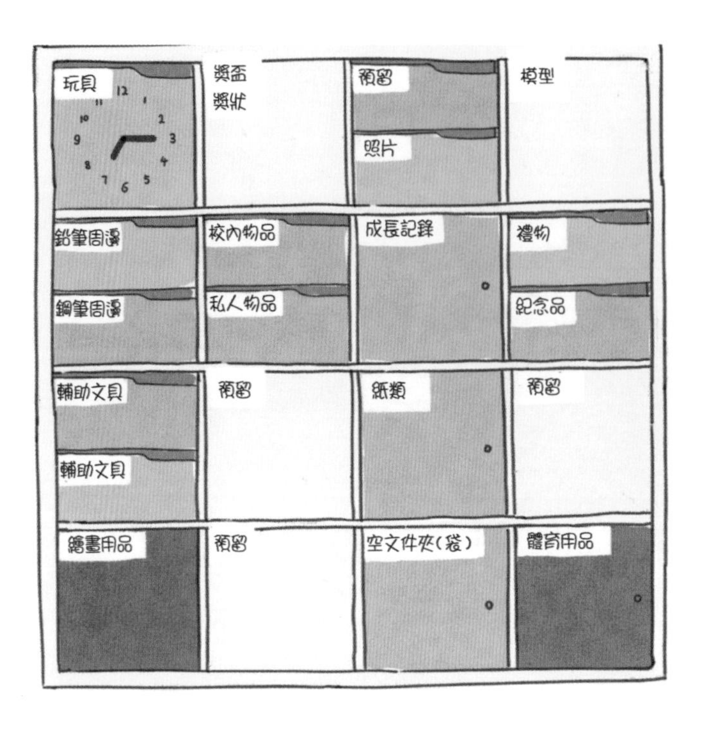

篩選後留下的物品可以根據收納體的格局再決定分幾類。如果分格少，將物品分出大類即可；此案例中分格較多，那麼可以進行細分。再根據每類的數量多少、物品形態大小決定放置於何處。

擺放不需要過於苛刻，對於孩子來説，做好分類並按照類別維持好即可。

文件類指書籍外所有紙質但不限於紙質的、能夠承載信息的物品。

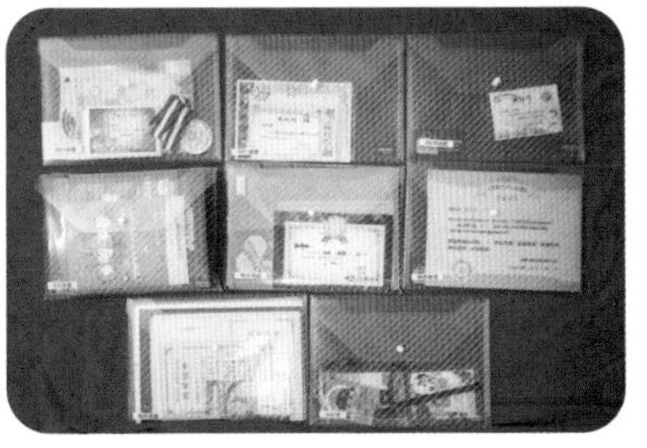

由於紙質難以保存，建議儘量減少紙質文件，能改為電子檔的儘量更改。不能更改為電子檔的借助文件袋或文件夾，清晰地做好分類。方便查閱以及後續文件的進入，也可以更好地保存文件。具體分類方式看個人理解。

在親子整理的文件中很多為獎狀、證書等，其實孩子對此並沒有興趣，所以可以由家長代為管理。

（2）書籍類整理

兒童房內的書籍收納沒有規劃，處於有空地就擺放的狀態。

窗台飄窗長期堆放着書本，經整理發現都是低年級已不再使用的，沒有規劃好放置何處。

床頭的收納區存放了孩子幼時的繪本、玩具等。

整理方案

書櫃用於收納現階段使用書籍。出於孩子身高考慮，第一層留白。

第二層：為孩子最喜愛的讀物，在整理中由孩子自己挑選出。

第三層：百科類書籍。

第四層：校內輔導書籍。

第五層：文學作品。

第六層：軍事書籍。

書籍擺放稍有些滿，但因為此案例孩子書籍的購買頻率並不高，不會出現書籍大量進入的情況。目前狀態尚可。

床前收納櫃用於收納閱讀頻率低的書籍。經整理，篩選出一部分低齡的繪本送人，保留下少量成套的作紀念，放置在裏口。右邊上層定位擺放低年級書本，下層放置備用繪畫用品。

因低年級書本使用頻率極低，且大小不一、種類繁多，選擇用百納箱收納，外部看起來整潔，且減輕收納負擔，集中收納即可。

收納工具使用前撕掉標籤，減少冗餘信息，外部看起來更加整潔。

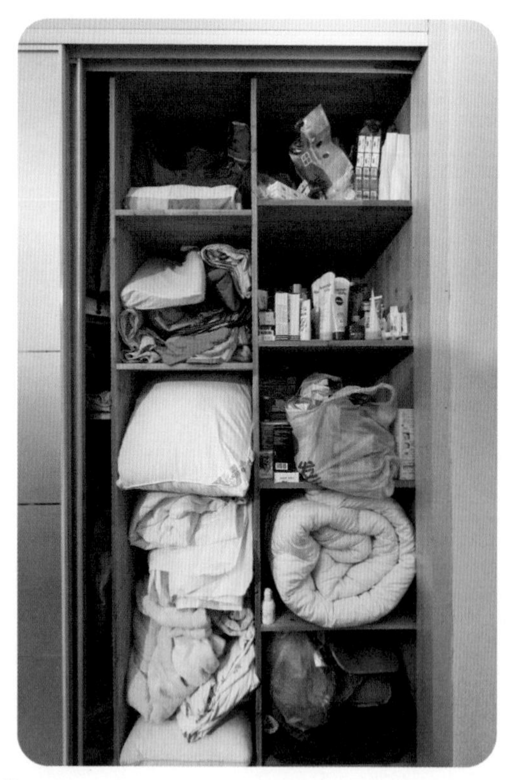

（3）衣物類整理

整面牆的衣櫃，分為左右兩部分。圖中為右部。可見此空間並沒有存放孩子的物品，被家長侵佔。這就是我們前面說過的界限問題。

問及原因，媽媽表示孩子並沒有那麼多衣服要放。試想將此處空間還給孩子，便可以將文具類、書籍類安放在此處，還給孩子更多活動空間。

在此次整理指導中，此區域暫未整理。建議儘快將物品全部清除（客廳處有收納櫥可以放置），空間還給孩子。

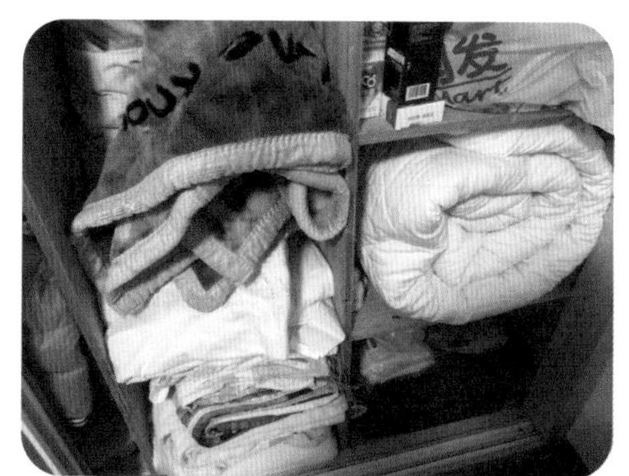

衣櫃內部格局設計不合理，高達一米三的一塊空間只能用於堆疊物品。雜物類無序擺放，隨之而來的是找不到、遺忘、重複購買。

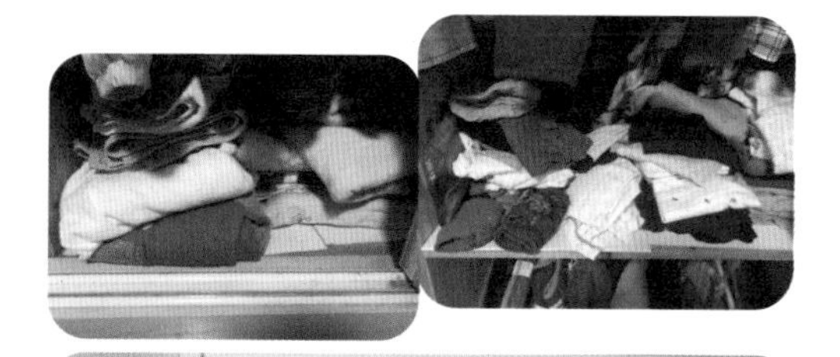

衣櫃左部為孩子空間，中間兩個抽屜放置了藥品及雜物。依舊是普遍衣櫃最常見的格子設計。因為高度問題，只能採用重疊方式，以放置更多的衣物。但因為衣櫃進深達 60cm，一重疊起造成空間浪費，裏外兩次重複疊起又造成拿取不便。經常遇到衣服來不及拿出來穿就已過季的情況。

整理方案

清空衣櫃，找一處集中所有衣物。稍作分類擺放好，便於後續的篩選。如圖大致分為短褲、長褲、毛衣、襯衫、T恤、棉襖、春秋外套、家居服等。

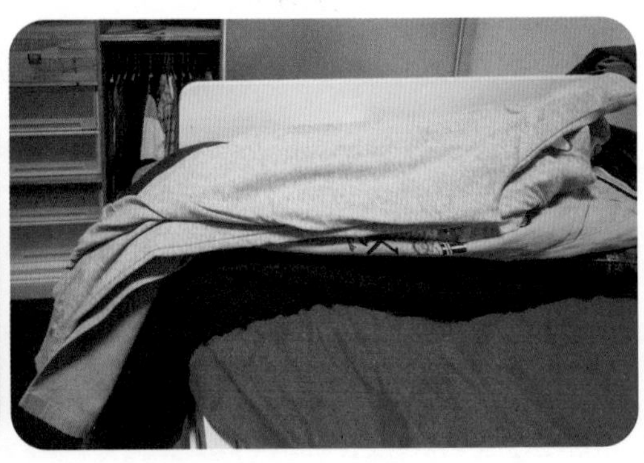

孩子及媽媽共同參與選擇環節，共計篩選出 42 件衣物待處理，原因基本為尺寸顯小。還清點出數條提前購買的褲子，遠大於孩子現階段尺寸。

整理中，大小不能把握的衣服可以讓孩子當場試穿。在篩選中讓孩子參與，有利於培養其美感及決斷力。篩選完畢，會發現真正在穿的衣服並不多。

重新規劃衣櫃的使用。考慮孩子的身高，儘量降低擺放高度。現有空間內，所有衣物已全部收納好，故懸掛區下方無須再擺放衣物。如後續再大量添置衣物或有收納需求可借助收納筐、盒等擺放。

外套優先懸掛，其次是襯衫。此案例中長袖 T 恤及衛衣也一並懸掛出來了。使用顏色統一的衣架，整潔有序，視覺效果更好。

最上部擺放使用頻率最低的物品，此案例放置了非當季的棉服、毛衣。整理時，有幾件棉服及毛衣在洗，待收入。採用平鋪法即可，無須摺疊。如果衣物較多可以使用一二兩格。整理中媽媽提出疑問，第二格為最方便拿取的位置，不該放校服，但媽媽忽略了黃金區應該以孩子為準。對於孩子身高來說，第二格並不屬黃金區，正好放置一周使用一次的校服。衣物並非一定不能用重疊放置方式，前提是少量。

襪子內褲這樣的小物件容易遺失，且零散不易收納。常見家庭都是成包收納，或直接放入抽屜中，使用的時候並不方便尋找，且看起來雜亂。

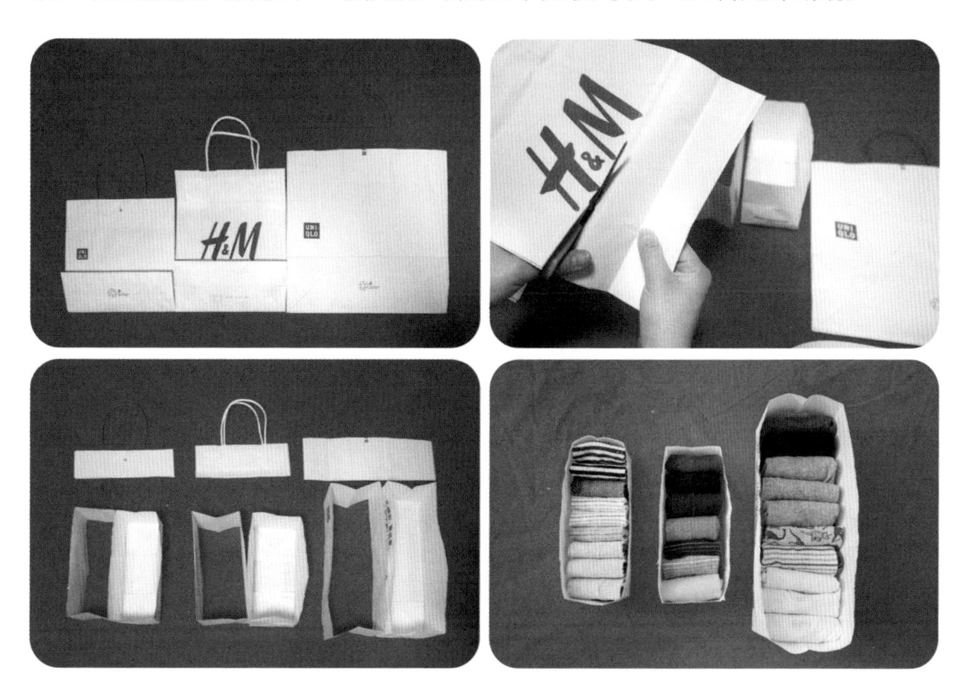

利用購物紙袋，形成一個小的收納筐。結合前面示範的摺疊法，擺放內褲、襪子最為合適。

上層抽屜放置了體育用品、跆拳道用品、口罩、防曬服等，下層抽屜放置內褲、襪子等。

左圖區域為孩子的黃金區，首選放置最常用衣物，為方便拿取，故並不建議使用收納箱堆放。衣物重疊放置方式的缺陷我們都已知道，但是針對格子設計，採用立式摺疊法只能擺放一層，這時我們可以借助收納工具更好地利用空間。

如圖，每格被收納抽屜分割成兩層，兩格整理箱即形成四層的空間。

短袖T恤

外面一排為長褲，裏排為短褲。

非當季的棉褲

外面一排為家居服，裏排為秋衣秋褲。

整理完成後

整理結束一周後的回訪時看到，媽媽購買了百納箱收納非當季衣物，視覺上更加整齊。

整理後，物品清晰有序，媽媽和孩子掌握了整理方法，孩子的維持工作也變得輕而易舉。

小貼士

整理收納的好壞，並不單純以整潔度為衡量標準，還有空間是否合理規劃、物品收納體系是否建立等。

關注需求，與孩子共同成長

兒童房平面圖

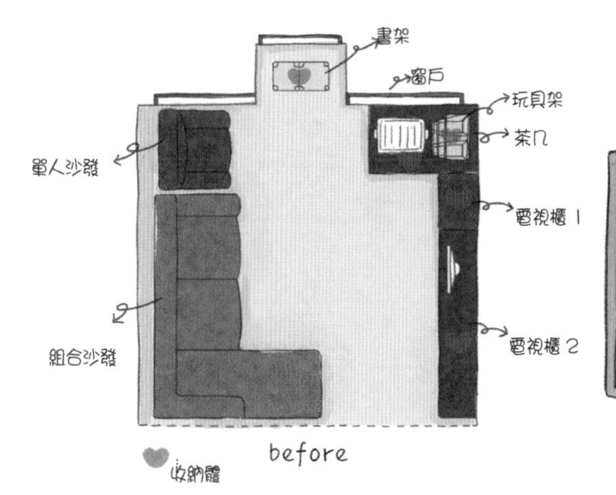

基本信息
房屋情況：四房
房間分配：主人房、兒童房、書房、老人房
家庭成員：3 歲男孩、9 歲女孩、
媽媽、爸爸、爺爺、奶奶
整理區域：兒童房、客廳
整理時間：14 小時

案例背景

空間

二寶暫無獨立房間，與父母同睡，活動空間以客廳為主。家中其他區域收納體充足，但並沒有進行全域的規劃。

物品

物品多處於只進不出的狀態，大寶的物品保留給二寶，但並沒有好好保存好好使用。

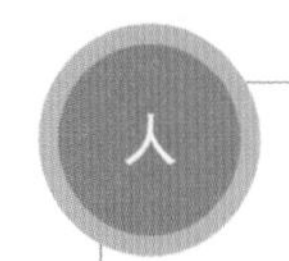

二寶在拿取玩具或書籍時通常整筐倒出，且使用後並無收納意識。

可愛的寶貝
也有可愛的煩惱

整理

(1) 二寶玩具類

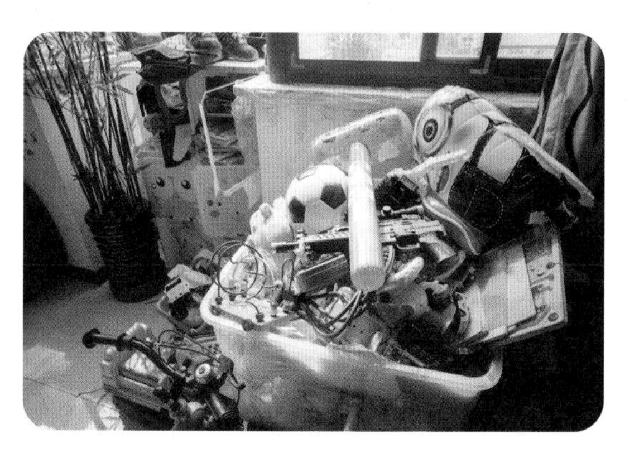

玩具架放置在角落，因外口被玩具遮擋，使用並不方便，所以閑置。玩具用若干塑膠袋收納，既不知道內容物，外觀看起來也十分凌亂。

玩具用收納箱盛放，數量多，拿取十分不便，是造成孩子每次玩耍時整箱倒出的原因。

整理方案

減少塑膠袋的使用，採用有型且規則的收納體盛放，方便孩子拿取。

大件的玩具我們採用整筐收納的方法，控制每筐的數量。小件玩具利用小的收納筐做好分類，方便孩子拿取，也鍛煉孩子的分類能力。

玩具架移出，方便孩子拿取，使用時可以整筐移動。統一款式的收納筐降低收納成本，孩子歸位也變得更輕鬆。

玩具架的收納由孩子獨立完成。

（2）書籍類整理

二寶的書籍隨意堆放在收納櫃內，與雜物混雜在一起。因櫃子前部有花盆、玩具、雜物等，基本不會使用。書籍上多數已鋪滿灰塵。

收納櫃因為材質原因，已經破損嚴重，卻沒有及時更換。

常閱讀書籍堆放在收納箱內，但因為堆積數量多，使用性並不強。對於 3 歲孩子來說想要自己拿取並不容易。

所有書籍清空出來，經判斷和證實，書籍使用率極低。只有在媽媽有空的時候，才會拿取一本與孩子共同閱讀。

對書籍進行分類。幼兒繪本多為成套，可按系列整理好。

設置一處隨手可拿取書籍的區域，有利於培養孩子的閱讀習慣。幼齡段孩子對色彩較敏感，顏色艷麗容易吸引注意力，所以書籍儘量採用封面朝外的方式擺放。

小型的書籍、識字卡等可利用收納筐豎立收納，既能防止因其尺寸小而較零散，又能更好地利用空間。

書櫃下部按常規方式擺放備用書籍，家長需要定期幫助孩子挑選一部分適齡的書籍更換至上部。

整理完成後

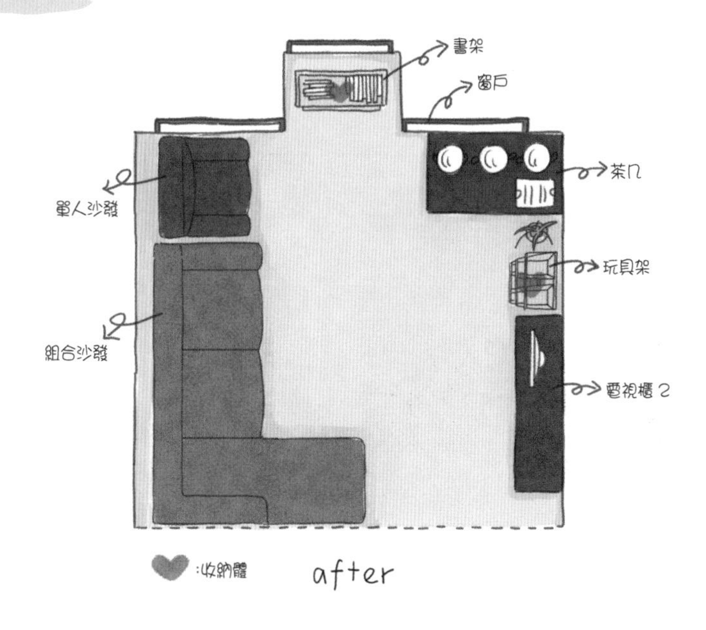

植物為了遮擋脫皮的牆身，變動位置後動線會更順暢。

兒童房平面圖

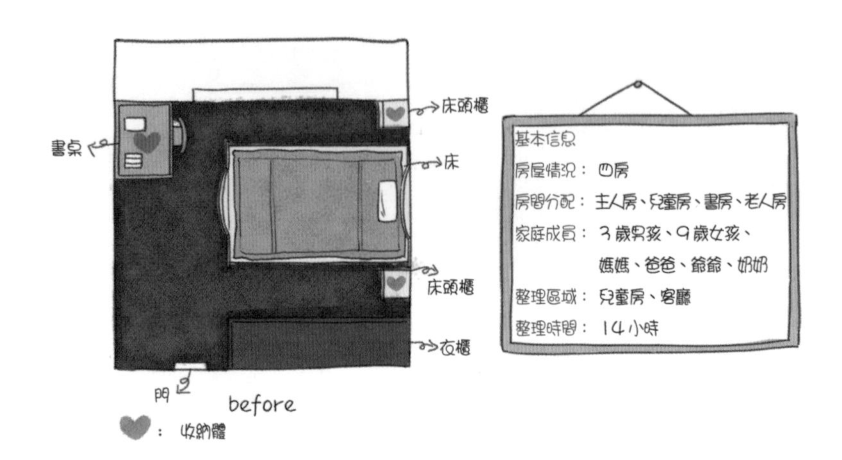

案例背景

空間

大寶有獨立的兒童房，需滿足學習、閱讀、休息的功能，但是收納體配備並不完整。房間使用傳統布局，中間床，一邊一個床頭櫃，角落擺放書桌，活動空間狹窄，行走十分不便。

物品

衣物類數量佔比最大。對於物品沒有愛惜使用。

人

家務交由阿姨代勞，爸爸媽媽對家中狀況並不關注，甚至忽略孩子的成長需求，沒有為孩子營造適宜的成長環境。而大寶對環境也並沒有自己的想法。

整理

(1) 大寶書籍類整理

隨着大寶的成長，書籍類物品愈來愈多，我們看到書籍處於隨處擺放的狀態，實則因為收納體不足，沒有固定地點以供收納。現狀是利用收納箱堆放在陽台，而常用的書籍只能堆放在床頭櫃上。

整理方案

原書桌的位置添置了一個書櫃，讓書籍有地方可以擺放，滿足孩子的成長需求。

因房間暫無其他收納空間可以利用，所以書櫃上空出一格供孩子擺放裝飾品等小物。英語和數學的用品單獨使用了一層，分兩邊擺放。

因為書櫃尺寸等原因，雜誌類的大開本書籍只能放置在最下層。

(2) 小物品類整理

此案例小物品數量並不多，但因為沒有地方擺放，只能借助牆上的隔板放置。能放能掛的地方全部都放滿。整個學習區非常雜亂。

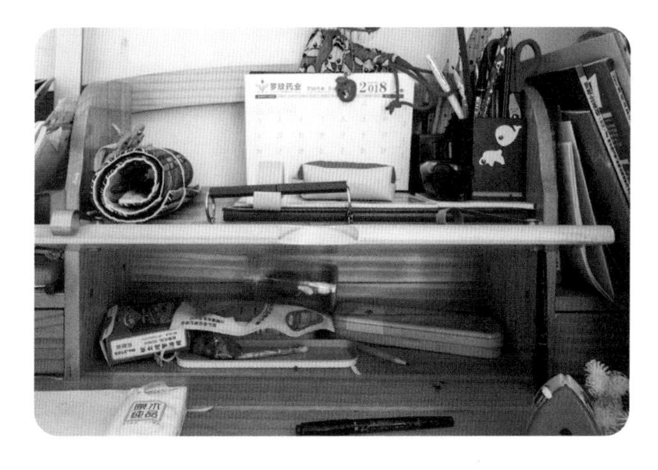

書桌上小物品隨意擺放

書桌往左邊移動，拆除原先牆上的隔板。擱板存在幾大問題，第一，因為擺放的便利性容易造成物品的堆積；第二，因其完全暴露在外，視覺上非常雜亂；第三，容易鋪滿灰塵且不方便打掃。

經過選擇，小物品保留了一部分。其他物品放置在書桌的隱藏區域。

書桌中間的小區域用來放置孩子備用的學習用品、姓名貼等小物。

(3) 大寶衣物類整理

整面牆衣櫃是全部塞滿的狀態，全部清空後，大寶一人的衣物便堆滿了整張床。媽媽喜歡購買衣物，使衣櫃處於源源不斷有物品進入的狀態。

依舊是格子的設計，每一格堆滿了衣物。只考慮容量並不考慮使用。

衣櫃頂部有若干個小包，媽媽做收納時偏好用塑膠袋進行打包，認為可以保護衣物，而且方便拿取。

但事實是因看不到內容物而造成遺忘，另外，塑膠袋顏色繁雜，也是造成凌亂的重要原因之一。

整理方案

將所有衣物清出，一地的塑膠袋。

兩箱夏季衣物，為上一次換季整理時擺放的，可見衣物被縮小摺疊，擠壓在一起。

經過一年的擺放，拿出來的衣服非常皺。

9 歲孩子的衣櫃裏，還有孩子數月大時的衣物。

冬天已過去，還沒來得及穿的棉襖，吊牌都沒有摘掉。提前購買現象嚴重。

從新衣服上取下的吊牌。買來即應該使用，不然又為何購買。去掉包裝，取下吊牌，讓衣物由等待狀態進入在崗狀態。

吊牌還沒有取下，卻已經小了只好捨棄的衣服。

爸爸很喜歡購買襪子，常幫孩子成批購買，且基本不做篩選，導致愈來愈多。

清出的所有小物件鋪滿了半張床。

還原衣櫃格局，拆除試身鏡。發現左下部分有一處高 75cm，長 25cm 的長條區。除了堆放，根本無法使用，加之本身建議拆除左側的西褲架。故針對此衣櫃，建議左下部進行改造，拆除竪板，改為一根式懸掛。

因衣物堆積而無法使用的試身鏡。加之其拉出使用時，會受衣物影響，十分不便，故决定拆除。西褲架對於兒童衣櫃來説完全無用，且收納力差，拿取不便，亦建議拆除。

衣櫃頂部及左下角共計四箱為非當季的衣物。建議客戶購買尺寸合適的四個相同百納箱，進行替換，四個箱子則可一併放置在衣櫃頂部。懸掛區下方一包為禮服。右側黃色箱內為校服。

孩子衣物的篩選相對成人較容易，因為尺寸問題，沒有辦法將就。經整理，篩選出 150 多件衣物，其中因尺寸小的問題而捨棄的衣物將近 100 件，其餘有款式不合適、衣物老舊、染色等原因，穿到破損而丟棄的情況相對較少。我們生活在一個物質泛濫的時代背景下，衣物由買入到淘汰這一期間，可能被穿過的次數都少而又少。

因實際條件限制，衣櫃格局暫不改動，只能借助收納工具彌補設計缺陷。此處尺寸小用夾層擺放襪子、內褲等小物件最為合適，且對空間進行分層，一目了然，拿取方便。

由於配件類較多，考慮其使用的便捷性，決定使用抽屜分類放置。

左上：家居服；右上：浴巾，毛巾；左下：圍巾；右下：帽子

長袖 T 恤 13 件，可再放 5 件左右。

短袖 T 恤 25 件

長褲 16 條。內排為休閑褲，外排為牛仔褲。

褲子 21 條。內排為短褲，外排為七分褲。

四個 40cm×50cm 的收納抽屜，共計收納約 75 件衣物。

整理完成後

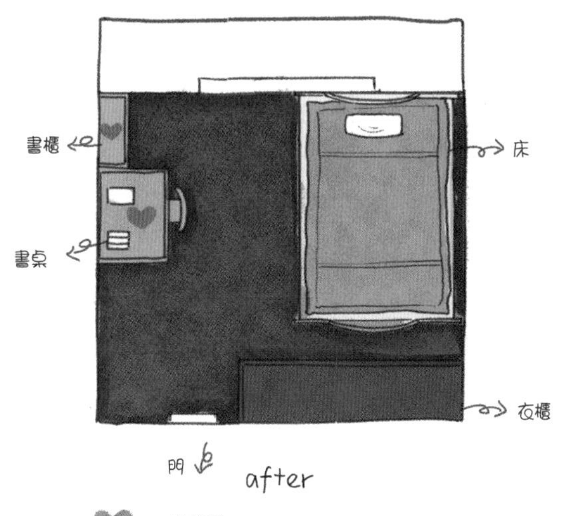

摒棄傳統的房間格局，轉變床的方向，從而獲得更大的活動空間。

鳴謝

感謝您看到了這裏，本書是否給您帶來了一些啓發呢？在這裏要再一次説明，沒有最正確的收納方法，也沒有通用的整理方案，適合自己的才是最好的。

很感激我的客戶們願意將自己的家展露在讀者面前，也感謝攝影師茶包的全程陪同拍攝。當然也要感謝我的先生、孩子，對我在寫書期間對他們照顧不周的體諒。

不善寫作的我，在編輯老師和各位好友的鼓舞下，努力完成了此書，對我來説也是一個巨大的成長。

作者
童瀅

責任編輯
李穎宜

美術設計
馮景蕊

排版
陳章力

智慧媽媽的親子整理術

與孩子一起收拾家居

出版者
萬里機構出版有限公司
香港北角英皇道499號北角工業大廈20樓
電話：2564 7511
傳真：2565 5539
電郵：info@wanlibk.com
網址：http://www.wanlibk.com
http://www.facebook.com/wanlibk

發行者
香港聯合書刊物流有限公司
香港新界大埔汀麗路36號
中華商務印刷大廈3字樓
電話：2150 2100
傳真：2407 3062
電郵：info@suplogistics.com.hk

承印者
中華商務彩色印刷有限公司
香港新界大埔汀麗路36號

出版日期
二零二零年一月第一次印刷

ISBN 978-962-14-7175-8

原著作名：《智慧媽媽的親子整理術》
原出版社：天津鳳凰空間文化傳媒有限公司
作者：童瀅
中文繁體字版 © 2020 年，由萬里機構出版有限公司出版。